만성질환, 음식으로 치유한다

식품영양학 교수 · 약학박사가 알려주는
질환별 맞춤 요리 100가지

만성질환,
음식으로 치유한다

― 식품영양학 교수 · 약학박사가 알려주는 ―
질환별 맞춤 요리 100가지

주나미 · 주경미 지음

정다와

contents

01 | 고혈압
정상혈압 유지 음식 20가지

02 | 뇌질환
인지 · 기억력 회복 음식 20가지

03 | 뼈 · 관절질환
뼈 건강 개선 음식 20가지

04 당뇨병
건강혈당 유지 음식 20가지

05 이상지질혈증
혈관건강 지킴 음식 20가지

머리말

100세 시대를 사는 우리에게 건강한 식생활 관리는 가장 필요한 일이고 가장 중요한 숙제입니다. 건강한 사람뿐만 아니라, 유병률이 높은 5대 질환인 고혈압, 당뇨병, 이상지질혈증, 뇌질환, 뼈질환을 앓고 있거나 위험군에 있는 사람들에게도 건강한 식생활은 가장 먼저 고려되어야 할 것입니다. 이 책에서는 5대 질환의 핵심포인트를 알아보고, 그에 따른 푸드 테라피에 해당하는 기본적인 설명을 하였으며 상시 복용할 수 있는 도움이 되는 차를 소개하였습니다. 이러한 이론을 토대로 정상혈압 유지 음식 20가지, 인지 · 기억력 회복 음식 20가지, 뼈 건강 개선 음식 20가지, 건강혈당 유지 음식 20가지, 혈관건강 지킴 음식 20가지를 개발하여 소개하였습니다.

🫑 식품재료선정은 이렇게 하였습니다

특정 질환의 대사 과정에 필요한 영양소나, 제한해 주어야 할 영양소를 고려하였으며 구입이 용이하고 다루기 쉬운 재료로 선정하였습니다. 식품군별로 해당 영양소의 평균 함유량과 각 식재료의 함량을 수치로 정리해놓았으니 상황에 따라 재료를 대체하여 사용하시면 됩니다.

🫘 질환에 도움이 되는 한약재를 사용하였습니다

- 가루가 가능한 한약재의 경우 밀가루나 전분을 묻히는 메뉴에서 일정 비율을 섞어 사용하였습니다.
- 물 대신 약초물을 사용하였습니다. 약초물을 음식에 사용하기 위해서는 음식의 맛에 영향을 미치지 않는 정도의 농도로 끓여서 사용할 것을 권장합니다.
- 혈압강하 효력이 있는 한약재(당귀, 황기, 두충, 헛개나무, 칡, 산사, 진오가피, 산조인)를 달여 약초물로 사용하면 고혈압에 도움이 됩니다.
- 총명탕의 주재료로 활용하는 용안육, 산조인이나 초석잠을 달여 약초물을 사용하면 집중력 향상, 두뇌 피로회복 등 뇌건강에 도움이 됩니다.
- 혈당강하에 효과적인 한약재(백복령, 두충, 황기, 산약, 헛개나무, 정향)을 달여 약초물로 활용하면 건강한 혈당유지에 도움이 됩니다.
- 힘줄과 뼈를 튼튼하게 한다고 알려져 있는 한약재(두충, 진오가피, 토복령, 치자, 계피)를 달여 약초물로 사용하면 뼈 건강에 도움이 됩니다.
- 혈행개선, 혈액순환, 어혈에 효과적이라고 알려져있는 한약재(당귀, 산사, 산조인, 차전자, 하엽)를 달인 약초물은 이상지질혈증에 도움이 됩니다.

🌱 정상혈압 유지 음식은 이렇게 개발하였습니다

식이를 통해 혈압을 조절하기 위해서는 적절한 식품재료의 선정뿐만 아니라 저염으로 조리하면서 음식의 '간'을 맞추는 게 매우 중요하므로 간을 해줄 양념장(소스)을 개발하는 데 초점을 맞추었으며 미리 조리하지 않고 바로 소스를 버무리거나 무쳐서 먹을 수 있도록 하였습니다.

🥕 인지 · 기억력 회복 음식은 이렇게 개발하였습니다

뇌 건강과 관련이 있는 영양소가 풍부한 재료가 들어있는 음식을 한 끼니 메뉴로 다양하게 먹을 수 있도록 하는 것이 중요하므로 밥, 국, 반찬의 메뉴를 골고루 소개하고자 하였으며 반찬의 경우 조림, 찜, 볶음, 구이, 튀김 등으로 조리법을 다양화하였습니다.

🧅 뼈 건강 개선 음식은 이렇게 개발하였습니다

뼈 건강과 관련이 있는 영양소가 풍부한 식품을 활용한 메뉴를 다양하게 소개하고자 하였으며 특히 주식으로 활용할 수 있는 밥류나 스파게티뿐만 아니라 샐러드 등의 메뉴를 통하여 녹색 채소를 충분히 섭취할 수 있게 하였습니다.

🎃 건강혈당 유지 음식은 이렇게 개발하였습니다

주메뉴인 밥을 건강하게 먹는 것이 건강한 식생활을 위해서 무엇보다 중요한 부분이므로 당뇨에 좋은 재료를 활용하여 건강한 밥 요리를 개발하였고, 밥을 일품요리로 활용할 수 있도록 양념장을 곁들여 주었으며, 원디쉬요리, 죽, 수프, 후식 등의 메뉴를 개발하였습니다.

🥄 혈관건강 지킴 음식은 이렇게 개발하였습니다

식사 관리가 중요한 이상지질혈증의 경우 불포화지방산, 식이 섬유소가 풍부한 식품을 활용하여 다양한 메뉴를 섭취할 수 있도록 하기 위하여 주식, 부식뿐만 아니라 디저트 등의 간식으로 먹을 수 있는 메뉴를 개발하였습니다.

특히 음식 소개 부분에서는 음식에 관한 일반적인 설명, 특정 재료에 대한 정보제공, 조리에 관한 팁 등을 첨가하였으니 참고하시기 바랍니다.

100세 시대의 건강한 식생활을 영위하기 위하여 이 책이 의미 있는 길잡이가 되기를 바랍니다.

2021년
저자 씀

PART

01

고혈압

정상혈압 유지 음식 20가지

고혈압 핵심 포인트

● 고혈압 인구 현황 : 나는 어디에 있는가

　대한고혈압학회 자료(2020)에 따르면 우리나라 성인의 30%인 1200만명이 고혈압 유병자로 추정되고, 이중 지속적으로 치료를 받고 있는 사람은 650만명에 불과하다. 고혈압은 올바른 생활 습관으로 예방이 가능하고 발병 후에도 조기 진단과 체계적인 관리를 통해 합병증을 크게 줄일 수 있다는 것이 전문가들의 견해다.

고혈압 인구현황(20세 이상)

1,200만명
추정
유병자

970만명
의료이용

900만명
치료

650만명
지속치료

● 혈압 수치 의미

　혈압이란 혈액이 혈관 벽에 가하는 힘으로 수축기 혈압과 확장기 혈압 두 가지가 있다. 수축기혈압이란 심장이 수축할 때 혈액을 내보내면서 혈관에 가해지는 압력을 말하고 확장기 혈압이란 심장이 혈액을 받아들일 때 혈관이 받는 압력을 말한다.

　이렇게 혈압은 혈관의 상태와 밀접하게 연관이 되어 있어서 혈관이 탄력 있고 깨끗해서 직경이 크면 저항이 낮아 정상 혈압이 되지만 반대로 혈관이 딱딱해지고 혈관벽에 콜레스테롤이 쌓여서 혈관이 좁아지면 저항이 커져서 혈압이 오르게 된다.

고혈압이란 혈압을 여러 번 측정하여 그 평균치가 수축기 혈압 140mmHg 이상이거나 확장기 혈압 90mmHg이상인 경우를 말한다. 고혈압이 특정 원인 질환에 의해 발생하는 경우를 이차성 고혈압이라고 하고 특별한 원인이 파악되지 않는 고혈압을 본태성(일차성) 고혈압이라고 한다. 고혈압환자의 95%가 본태성 고혈압으로 알려져 있다.

● 치료의 출발

혈압은 하루 중 시간에 따라, 활동 정도에 따라 수시로 변동하므로 정확한 혈압을 판단하려면 여러 번 측정을 해야 하고 또한 측정하기 전 주의할 점이 있다.

측정 전 최소 5분 동안 안정을 취한 후 옷이 팔을 조이지 않도록 하면서 팔을 심장과 같은 높이로 측정해야 한다. 또 측정 30분 이내 커피 등의 카페인 음료를 마시거나 담배를 피워서는 안되며 1-2시간 전에는 운동을 하는 것도 피해야 한다.

● 정상 혈압-고혈압 전단계-고혈압 정확한 수치

질병관리본부와 대한고혈압학회에서 제시한 고혈압 진단기준은 다음과 같다. 이것은 심혈관발병 위험이 가장 낮은 경우를 기준으로 한 것이다. 고혈압이 있는 경우는 물론, 고혈압 전단계에 있는 경우 일상생활에서 식사요법을 잘 실천한다면 혈압조절에 크게 도움이 된다.

혈압 분류		수축기 혈압		이완기 혈압
정상 혈압*		< 120	그리고	< 80
주의 혈압		120 ~ 129	그리고	< 80
고혈압 전단계		130 ~ 139	또는	80 ~ 89
고혈압	1기	140 ~ 159	또는	90 ~ 99
	2기	≥ 160	또는	≥ 100
수축기 단독 고혈압		≥ 140	그리고	< 90

● 고혈압 환자의 치료원칙 5가지

· 약물치료

생활 요법으로 혈압조절이 어려운 경우에는 반드시 약물로 혈압을 140/90mmHg 미만으로 낮추어야 한다.

· 기호식품 관리

음주는 술 종류에 따라 다르지만 보통 여자 1잔, 남자 2잔 정도의 소량으로 제한하고 담배는 무조건 금연해야 한다.

· 운동관리

지속적인 운동을 하면 체중감소와 무관하게 5~7mmHg 정도 혈압이 감소한다고 하니 운동 중의 심박수가 분당 110~120회 정도가 되도록 빨리 걷기부터 시작하여 땀이 날 정도의 유산소 운동을 주 3회 정도 하는 것을 추천한다.

· 체중관리

비만 중 상체 비만이 고혈압과 많은 관계가 깊은데 체중을 1kg 감량하면 수축기/확장기 혈압은 1.6/1.3mmHg 감소하는 것으로 알려져 있으니 적정 체중을 유지하는 것이 중요하다.

· 식사 관리

음식 조리 시 소금을 줄이고 대신 천연 향신료나 식초 등으로 맛을 내고 염분이 많고 간을 한 국물은 가능한 멀리하고 건더기는 많이 먹도록 하며, 제철 재료를 가공하지 않고 그대로 전체를 섭취할 수 있는 조리법을 이용한다.

고혈압 푸드테라피

고혈압의 경계역에 있거나 경미한 고혈압의 경우 미국 국가합동위원회(Joint National Committee)를 비롯한 많은 의료기관에서 비약물 요법을 권하고 있다. 즉 고혈압은 식이와 생활 습관과 밀접한 연관이 있으므로 운동 부족, 흡연, 알코올 섭취 등의 생활 습관을 개선하고 식이를 잘 조절해주면 정상혈압을 유지하는 데 매우 효과적이다.

고혈압과 관련된 가장 기초적이고 중요한 점은 정상체중을 유지하기 위한 식단이며, 고혈압 관련해 많은 연구에서 나트륨만 제한하는 것보다 칼륨 섭취량과의 비율을 고려한 식이가 더 효과적이었다는 것이 입증되어 칼륨과 나트륨의 비율을 5:1 이상으로 권장하고 있다.

또한 엽산은 뇌졸중과 관련 있는 아미노산인 호모시스테인 수치를 낮추어 주는 것으로 알려져 있다.

고혈압과 관련된 영양성분이라고 할 수 있는 칼륨의 충분 섭취량은 성인 남, 여 3,500mg 이며, 엽산은 400μg(2,015KDRIs)이다.

이와 같은 점을 고려하여 각 식품군별 칼륨, 엽산 함량이 높은 순위의 식재료를 선정하였다.

■ **식품군별 칼륨 함량이 높은 식품**

두류(콩), 견과류(아몬드, 땅콩), 채소류(시금치, 마늘, 토마토, 양배추, 오이), 과일류(바나나, 참외, 키위, 오렌지, 아보카도) 고구마

- 김 2,208, 다시마 1,242 (해조류 평균 : 852.8mg)
- 콩가루 1,836, 잠두 1,062, 연두부 233, 두부 132 (두류 평균 : 636.5mg)
- 들깻가루 599 (견과류 및 종실류 평균 : 462.0mg)
- 고구마 556, 토란 520 (감자류 및 전분류의 평균 : 387.7 mg)
- 시금치 813, 마늘 705, 케일 652, 호박잎 627, 치커리 488, 연근 478, 청경채 366, 들깻잎 421,

단호박 419, 토마토 250, 방울토마토 209 (채소류 평균 : 360.6mg)

- 표고버섯 380, 팽이버섯 353, 느타리버섯 346 (버섯류 평균 : 307.5mg)
- 오징어 351 (어패류 및 수산물 평균-290.3mg)
- 돼지고기 안심 373, 닭가슴살 371, 소고기 양지 316 (육류 평균 : 267mg)
- 귀리 574, 율무 324 (곡류 및 가공품 평균 : 234.6mg)
- 석류 242, (과일류 평균 : 209.4mg)

■ **고칼륨 식품이면서 식품군별 엽산 함량이 높은 식품**

채소류(쑥, 아스파라거스, 시금치, 브로콜리, 셀러리), 과일류(오렌지, 아보카도, 딸기, 파파야, 산딸기) 콩류(강낭콩), 통곡물

- 잠두 423 (두류 평균 : 188μg)
- 시금치 272, 호박잎 212, 들깻잎 150, 냉이 120, 케일 105, 파프리카 100, 꽈리고추 96, 얼갈이 80 (채소류 평균 : 68.3μg)
- 고구마 90, 토란 37 (감자류 평균 : 33μg)
- 팽이버섯 53, 느타리버섯 52, 표고버섯 32 (버섯류 평균 : 32.1μg)
- 석류 34 (과일류 평균 : 22.0μg)이었음

또한 황화합물이 함유된 마늘과 양파, 필수지방산이 함유된 견과류 및 seed, 불포화지방산 함량이 높은 연어와 고등어, 칼륨 함량이 높은 녹색잎 채소, 섬유질이 풍부한 정제하지 않은 곡류 등을 사용하면 좋다.

고혈압에 도움이 되는 약차

● 뽕잎차

뽕나무 잎에는 가바(GABA), 루틴, 캄페스테롤이 함유되어 있어 모세혈관 탄력성을 증가시키고 고혈압 예방에 도움이 된다. 또한 뽕잎에는 철분과 칼슘 등 다양한 미네랄이 들어있어 생리대사를 촉진하고 혈관 강화에도 좋다.

● 칡차(갈근차)

칡에는 사포닌과 카테킨 및 식이섬유가 함유되어 있어 혈관 건강은 물론 고혈압 예방에도 도움이 된다. 특히 칡 속의 플라보노이드는 혈액의 흐름을 좋게 하여 혈압에도 영향을 준다. 또한 칡에는 식물성 에스트로겐이 석류나 대두보다 월등히 높게 들어있어서 갱년기 여성의 에스트로겐 부족으로 일어나는 여러 증상을 개선하는데도 도움이 된다.

● 메밀차

메밀에는 플라보노이드 배당체의 일종인 루틴이 함유되어 있어 모세혈관을 튼튼하게 하면서 콜레스테롤을 배출하여 혈압을 낮추는 데 도움이 된다. 또한 메밀은 찬 성질을 가지고 있어 열이 많은 체질의 경우 열을 낮추게 함으로써 정상적인 대사에도 도움이 된다.

정상혈압 유지 음식

식이를 통해 혈압을 조절하기 위해서는 적절한 식품 재료의 선정뿐만 아니라 저염으로 조리하면서 음식의 '간'을 맞추는 게 매우 중요하므로 간을 해줄 양념장(소스)을 개발하는데 초점을 맞추었으며 미리 조리하지 않고 바로 소스를 버무리거나 무쳐서 먹을 수 있는 형태인 메뉴를 개발하여 소개하였다.

고혈압 맞춤
음식

토란영양밥

재료

토란 150g
율무 2큰술
보리 2큰술
찹쌀 1/2컵
쌀 1/2컵
약초물 1+1/2컵

만드는 법

1. 율무와 보리는 잘 씻어 끓는 물에 넣고 삶아서 체에 밭쳐 놓는다.
2. 찹쌀과 쌀은 씻어 물에 불려놓는다.
3. 토란은 껍질을 벗긴 후 데쳐 0.5cm 정도의 두께로 썬다.
4. 모든 곡물과 토란, 약초물을 넣고 밥을 짓는다.

TIP

• 밥 지을 약초물은 다시마를 미리 담가서 다시마 약초물로 만들어 사용해도 좋다.

* 토란은 주성분이 전분이지만 감자류에 비해 칼륨 함량(토란 : 520mg, 감자 : 412mg)이 높고 칼로리(토란 : 40kcal, 감자 : 67kcal)가 낮으며 멜라토닌 성분이 있어 불면증 해소에 효과적이다. 또한 갈락탄 성분은 혈중 콜레스테롤을 제거하는 효능이 있어 혈관 건강에 좋은 것으로 알려져 있다.

고혈압 맞춤 음식

표고버섯 달걀 귀리죽

재료

건표고버섯 3~4개
귀리 50g
밥 1/2컵
약초물 5컵
달걀 1개
참기름 1큰술
소금 약간

만드는 법

1. 표고버섯은 물에 불린 후 곱게 채썬다.
2. 귀리는 삶아 체에 밭쳐 놓는다.
3. 냄비에 참기름을 두르고 표고버섯을 볶는다.
4. 3에 귀리와 밥을 넣고 약초물을 넣어 뭉근히 끓인다.
5. 죽이 충분히 퍼지면 풀어놓은 달걀을 넣고 저어준 후 약하게 소금으로 간하여 완성한다.

고혈압
맞춤
음식

햄프씨드 죽

재료

밥 1컵

햄프씨드 3큰술

약초물 5컵

소금 약간

참기름 약간

만드는 법

1. 냄비에 밥과 약초물을 넣고 끓인다.
2. 밥알이 퍼지면 햄프씨드를 넣고 끓인다.
3. 소금으로 약하게 간한 후 참기름을 곁들여 완성한다.

* 햄프씨드는 필수 아미노산이 풍부하고 섬유소가 많아 포만감을 주며 다른 견과류에 비해서 칼로리가 낮은(100g 당 약 500kcal) 편이다.

고혈압 맞춤 음식

연두부 무채 들깨탕

재료

연두부 200g

무 70g

양파 1/4개

대파 2뿌리

들기름 1큰술

멸치육수 5컵

들깻가루 3큰술

다진 마늘 1작은술

소금 약간

만드는 법

1. 무와 양파는 0.5cm 정도로 채 썰고, 대파는 어슷썰기 한다.
2. 냄비에 들기름을 두르고 무와 양파를 살짝 볶는다.
3. 2에 멸치육수를 붓고 들깻가루와 다진 마늘, 소금을 넣고 끓인다.
4. 연두부를 넣고 다시 한번 끓여 완성한다.

TIP

• 들깨탕의 고소한 맛을 살리기 위해서는 약하게 소금 간을 하는 것이 좋다.

* 들깨에는 혈액을 맑게 하는 불포화 지방산이 많이 함유되어 있다.

고혈압

맞춤
음식

얼갈이 콩가루 찌개

재료

얼갈이 100g

호박잎 100g

콩가루 3~5큰술

약초물 4컵

국간장 1큰술

소금 1/2작은술

다진 마늘 1/2큰술

만드는 법

1. 얼갈이는 끓는 물에 데쳐 먹기 좋게 썬다.
2. 호박잎은 섬유질을 제거하고 먹기 좋게 썰어 찬물에 문질러 씻어 풋내를 없앤다.
3. 얼갈이와 호박잎은 물기가 있을 때 콩가루에 버무린다.
4. 약초물에 3과 다진 마늘을 넣고 끓인다.
5. 국간장과 소금으로 간하여 완성한다.

TIP

• 호박잎이나 얼갈이는 계절에 따라 아욱, 근대 등으로 대체하여 사용하도록 한다.

* 얼갈이는 속이 차기 전에 수확한 배추로 일반 배추보다 베타카로틴, 비타민 A, C 등이 많고 암 유발 촉진 인자를 억제하는 설포라판 성분이 함유되어 있어 암 예방에 도움이 된다고 알려져 있다.

고혈압
맞춤
음식

김 북엇국

재료

마른 김 2장

북어채 30g

실파 10g

국간장 1/2큰술

소금 1큰술

다진 마늘 1작은술

참기름 1작은술

약초물 4컵

만드는 법

1. 북어채는 흐르는 물에 살짝 헹군다.

2. 김은 손으로 부수어 놓고, 실파는 4cm 길이로 썬다.

3. 냄비에 참기름을 두르고 북어를 볶은 후 약초물을 넣고 끓이다 김을 넣는다.

4. 김이 충분히 풀어지면 실파를 넣고 국간장과 소금으로 간하고 참기름을 넣어 완성한다.

냉이 콩가루 된장찌개

🧆 재료

냉이 100g

팽이버섯 30g

단호박 50g

콩가루 1큰술

된장 1큰술

약초물 3컵

다진 마늘 1/2큰술

🍲 만드는 법

1. 냉이는 다듬고 씻어 데친 후 콩가루에 버무린다.

2. 팽이버섯은 송송 썰고 단호박은 나박썰기 한다.

3. 냄비에 약초물을 넣고 된장을 푼 후 다진 마늘과 단호박을 넣고 끓인다.

4. 단호박이 익으면 냉이와 팽이버섯을 넣고 다시 한번 끓여 완성한다.

닭가슴살 굴라쉬

🥛 재료

닭가슴살 300g(약 3조각)

양파 1개

토마토 1~2개

무 100g

대파 1뿌리

약초물 8컵

고춧가루 1큰술

다진 마늘 1큰술

소금 약간

후춧가루 약간

🍲 만드는 법

1. 닭가슴살은 삶아서 먹기 좋게 찢어 놓는다.
2. 양파는 굵게 채 썰고, 무는 나박 썰기, 대파는 어슷 썬다.
3. 토마토는 끓는 물에 데쳐 껍질을 벗겨 8등분 정도 크기로 썬다.
4. 냄비에 식용유를 두르고 양파를 볶다가 무와 토마토를 넣고 살짝 볶는다.
5. 4에 닭가슴살, 약초물, 고춧가루, 다진 마늘을 넣고 토마토 형태가 없어질 때까지 뭉근히 끓인다.
6. 대파를 넣고 소금, 후추로 간하여 완성한다.

> * 굴라쉬는 헝가리식 스튜 요리로 소고기와 채소, 파프리카로 맛을 낸 매콤한 맛이 특징이며 다양한 향신료를 넣기도 한다. 닭가슴살 굴라쉬는 무와 대파, 고춧가루 등을 넣어 닭개장과 비슷한 느낌으로 만든 '한국식 굴라쉬'이다.

고혈압 맞춤
음식

저염 겨자소스 케일 율무 샐러드

재료

케일 60g
율무 30g
단호박 100g
방울토마토 50g

저염 겨자소스

겨자 1/2큰술
간장 1/2큰술
식초 1큰술
참기름 1/2작은술
다진 마늘 1/2큰술
약초물 1큰술

만드는 법

1. 케일은 씻은 후 먹기 좋은 크기로 뜯어 놓는다.
2. 율무에 물을 넉넉하게 부어 익을 때까지 삶은 후 찬물에 헹궈 끈기를 없앤다.
3. 단호박은 슬라이스하여 끓는 물에 익힌 후 체에 밭쳐 물기를 제거한다.
4. 방울토마토는 반으로 갈라 준비한다.
5. 접시에 모든 채소들을 골고루 섞어서 담아주고 율무를 위에 얹어준다.
6. 소스 재료를 잘 섞은 후 곁들여 완성한다.

고혈압 맞춤
음식

마늘소스 다시마 실곤약 냉채

🥛 재료

생 다시마 60g

실곤약 60g

오이 1/2개

붉은 파프리카 1/4개

마늘소스

다진 마늘 1+1/2큰술

꿀 3큰술

식초 3큰술

소금 1작은술

🍲 만드는 법

1. 생 다시마와 오이, 파프리카는 채 썬다.
2. 실곤약은 끓는 물에 데쳐 체에 밭쳐 물기를 뺀다.
3. 분량의 소스 재료를 모두 혼합하여 마늘소스를 만든다.
4. 1과 2를 섞고 마늘소스를 버무려 완성한다.

흑임자소스 연근 샐러드

재료

연근 100g
셀러리 40g
잠두콩 30g

흑임자소스

흑임자 가루 20g
설탕 2작은술
식초 2작은술
올리브오일 2큰술
소금 약간
후춧가루 약간
물 1큰술

만드는 법

1. 연근은 0.2cm 정도로 슬라이스하여 식초를 넣은 끓는 물에 데친 후 찬물에 헹군다.
2. 셀러리는 섬유질을 제거하고 어슷하게 썬다.
3. 잠두콩은 푹 삶은 후 체에 밭쳐 물기를 뺀다.
4. 1, 2, 3을 가볍게 섞어 그릇에 담고 소스 재료를 혼합하여 곁들여 낸다.

TIP

• 검은 통깨가 있는 경우 소스 재료를 모두 넣고 블랜더에 갈아서 사용하면 된다.

* 흑임자는 필수아미노산과 항산화 작용을 하는 토코페롤 함량이 높으며 가루를 내어 냉동 보관하여 사용하면 간편하다.

고혈압

맞춤
음식

사과 초고추장소스 오징어무침

재료

오징어 1마리
깻잎 20g
양파 1/2개
붉은 파프리카 1/4개

사과 초고추장소스
사과 1/4개
고추장 1큰술
간장 1작은술
설탕 1작은술
꿀 2작은술
식초 2작은술
매실청 1작은술

만드는 법

1. 오징어는 껍질을 벗기고 칼집을 내어 끓는 물에 데쳐 4cm×2cm 크기로 썬다.
2. 깻잎, 양파, 붉은 파프리카는 굵게 채 썬다.
3. 사과는 강판에 갈고 나머지 재료와 섞어서 소스를 만든다.
4. 오징어와 채소를 사과 초고추장소스에 가볍게 버무려 완성한다.

TIP

• 계절에 따라 딸기, 감 등의 과일을 넣어서 과일 초고추장소스를 만들면 좋다.

고혈압 맞춤음식

두부소스 시금치무침

재료

시금치 150g

두부소스
두부 1/2모(100g)
된장 2작은술
다진 양파 2작은술
다진 파 1/2작은술
다진 마늘 1/2작은술
통깨 약간

만드는 법

1. 시금치는 깨끗이 씻어 끓는 물에 데친 후 물기를 짜고 잘게 썬다.
2. 두부를 으깬 후 물기를 짜고 나머지 양념을 넣어서 두부소스를 만든다.
3. 1의 시금치에 두부소스를 넣어 가볍게 무치고 통깨를 뿌려 완성한다.

▽ 두부소스 재료

TIP

• 두부소스는 두부를 으깨 넣어 만든 저염 된장소스로 각종 무침용 양념으로 사용할 수 있다. 양파를 넣지 않으면 물이 생기지 않아 일정 기간 저장도 가능하다.

고혈압 맞춤 음식

버섯소스 곤약볶음

재료

곤약 100g
청경채 100g
식용유 약간
참깨 약간

버섯소스

느타리버섯 50g
발사믹 식초 1+1/2큰술
간장 1/2큰술
꿀 1+1/2큰술
다진 마늘 1큰술

만드는 법

1. 곤약은 굵게 채 썰고 끓는 물에 데친 후 체에 밭쳐 물기를 제거한다.
2. 느타리버섯은 잘게 다져서 식용유에 살짝 볶은 후 양념을 넣고 졸여서 소스를 만든다.
3. 팬에 식용유를 두르고 청경채를 볶은 후 숨이 죽으면 곤약과 2의 소스를 넣어 버무려 주듯이 볶아낸다.
4. 통깨를 뿌려 완성한다.

▽ 버섯소스 재료

 TIP

• 느타리버섯으로 만든 버섯소스는 나물 무침용, 샐러드 드레싱용으로 활용해도 좋다.

고혈압 맞춤 음식

들깨소스 치커리 청포묵무침

재료

청포묵 200g

치커리 30g

양파 1/4개

팽이버섯 30g

들깨소스

들깻가루 1큰술

간장 2작은술

꿀 1큰술

약초물 2큰술

만드는 법

1. 청포묵은 굵게 채 썰어 끓는 물에 데친다.
2. 치커리는 먹기 좋은 크기로 썰고 양파는 채 썬다.
3. 팽이버섯은 데친 후 청포묵과 같은 길이로 썬다.
4. 청포묵과 채소에 들깨소스를 버무려 완성한다.

고혈압 맞춤 음식

강황소스 단호박 닭가슴살 찜

재료

닭가슴살 200g(약 2조각)

단호박 80g

꽈리고추 20g

식용유 약간

강황소스

강황 가루 1/2큰술

간장 2작은술

올리브오일 2작은술

올리고당 1+1/2큰술

약초물 1/3컵

다진 마늘 1작은술

만드는 법

1. 닭가슴살은 먹기 좋은 크기로 썬다.
2. 단호박은 껍질을 벗기고 한입 크기로 썬다.
3. 꽈리고추는 꼭지를 제거하고 씻어 놓는다.
4. 냄비에 식용유를 두르고 닭가슴살과 단호박을 볶은 후 강황소스 재료를 넣고 끓인다.
5. 4가 거의 익으면 꽈리고추를 넣고 조려 완성한다.

* 강황은 커큐민 성분이 들어 있어 항염 및 항산화 효과가 있으며 혈관을 튼튼하게 하는 알파-크루멘 성분이 다량 함유되어 있어 동맥경화와 혈전, 고혈압 등의 심혈관 질환의 예방에도 효과적이다.

고혈압 맞춤 음식

매실소스 소고기 곤약조림

🧊 재료

소고기(양지 또는 사태) 150g
곤약 200g
식용유 약간

매실소스
매실액 2큰술
간장 2작은술
전분 1작은술
약초물 4큰술

🍲 만드는 법

1. 소고기와 곤약은 1cm 정도의 주사위 모양으로 썰어 끓는 물에서 각각 데쳐 체에 밭쳐 놓는다.
2. 분량의 소스 재료를 혼합하여 매실소스를 만든다.
3. 식용유 두른 팬에 소고기와 매실소스를 넣고 끓인다.
4. 마지막에 곤약을 넣고 조려 완성한다.

고혈압 맞춤음식

돼지고기 토마토 장조림

🥛 재료

돼지고기(안심) 200g

마늘 5~8쪽

꽈리고추 5개

토마토 1개

간장 1+1/2큰술

설탕 1큰술

통후추 약간

청주 1큰술

약초물 1(컵)

🍲 만드는 법

1. 냄비에 돼지고기가 잠길 정도로 물을 붓고 마늘과 청주, 통후추를 넣고 삶는다.
2. 고기가 익으면 꺼내어 먹기 좋은 크기로 썰어 놓고 익은 마늘도 건져 놓는다.
3. 토마토는 돼지고기 크기로 썬다.
4. 2에 물과 간장, 설탕을 넣고 끓인 후 토마토와 꽈리고추를 넣고 조려 완성한다.

양배추 닭고기 두루치기

재료

닭가슴살 200g
청주 1/2큰술
양배추 50g
브로콜리 50g
토마토 1/4개
양파 1/4개
대파 1/2뿌리

양념

아로니아 가루 1/2큰술
고춧가루 1/2큰술
간장 1큰술
설탕 1/2큰술
참기름 1작은술
다진 파 1/2큰술
다진 마늘 1작은술

만드는 법

1. 닭가슴살은 0.8cm 두께로 채 썰어 청주에 재워둔다.
2. 양배추, 양파, 토마토는 1cm 두께로 채 썰고, 대파는 굵게 어슷썰기 한다.
3. 브로콜리는 먹기 좋은 크기로 썰어서 데친 후 체에 밭쳐 둔다.
4. 토마토를 제외한 1과 2의 재료와 양념을 버무려 팬에서 볶는다.
5. 재료가 어느 정도 익으면 데친 브로콜리와 토마토를 넣고 살짝 익혀 완성한다.

TIP

• 안토시아닌이 풍부한 아로니아를 분말 형태로 사용하면 소스에 활용하는 등 섭취가 용이하다.

고혈압 맞춤 음식

고구마 석류김치

재료

고구마 200g(중 1개)

석류 30g

붉은 파프리카 1/2개

멸치액젓 1작은술

양념

올리고당 2작은술

고운 고춧가루 1+1/2큰술

다진 마늘 2작은술

참깨 1작은술

만드는 법

1. 고구마는 껍질을 벗겨 1cm 정도 크기 주사위 모양으로 썬 후 멸치액젓을 뿌려 놓는다.
2. 석류는 껍질을 벗기고 알알이 떼어 준비한다.
3. 파프리카는 사방 1cm 정도로 썬다
4. 1, 2, 3과 양념을 가볍게 버무린 후 참깨를 뿌려 완성한다.

* 석류에는 유기산인 시트르산이 들어 있어 피로를 덜 느끼게 하는 효능이 있으며 탄닌 성분이 많아 고혈압과 동맥경화 예방에도 효과적이다.

PART
02

뇌질환

인지 · 기억력 회복 음식 20가지

뇌질환 핵심 포인트

● **경도인지장애와 치매 인구 현황 : 나는 어디에 있는가**

중앙치매센터의 '대한민국 치매현황(2019)' 자료에 따르면 2018년 기준 65세 이상 치매 환자 수는 75만 명이고 노인 전체 인구 중 치매를 앓는 이들의 비율은 10.16%이다. 연령별 로는 70~74세 구간에서부터 급증하여 85세 이상 초고령 구간에서 가장 많으며 여성이 약 48만 명(62%)로 남성에 비해 높다. 노인 인구가 급증하면서 치매 환자도 지속적으로 늘어 나고 있어, 현 추세라면 2024년에는 100만 명을 넘고 2050년 300만 명을 넘어설 것으로 예상한다. 또 치매로 진행될 가능성이 있는 경도인지장애를 가진 노인도 전체의 22.58%인 167만명으로 추정되어 경도인지장애에 대한 관리 적극적인 대책이 필요하다.

치매환자 현황 (단위: 명, 괄호 안은 유병률 %, 2018 기준)

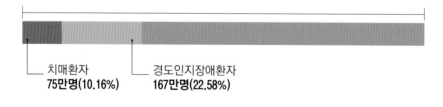

치매환자 장래 추계 (단위: 명)

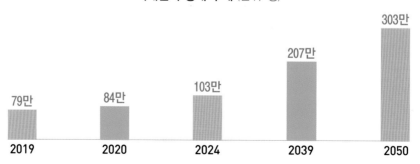

● 기억장애-경도인지장애-치매 관계

기억장애란 새롭게 알게 된 사실을 기억하지 못하거나, 사물이나 사람의 이름을 기억할 수 없거나, 과거의 경험을 생각해내는 일이 어렵거나 불가능한 상태를 말한다. 경도인지장애는 정상적인 노화현상에 의한 인지능력의 감퇴와 치매의 중간단계를 말하며 기억력, 언어능력, 사고력, 판단력 등이 같은 연령대의 인지능력에 미치지 못하는 경우를 말한다.

치매를 건망증에서 시작된다고 알고 있는 경우가 많지만, 단순히 건망증이 치매의 시작은 아니다. 치매란 다발성 인지기능의 장애로 기억력이 떨어진 것이 가장 중요한 증상이지만 이 외에도 말을 하거나 이해하는 능력이 떨어지고, 시간과 공간에 대한 감각장애, 성격 변화가 생기고, 계산능력이 떨어져 일상생활이나 사회생활을 하는데 지장을 일으키는 상태를 말한다.

인지기능 기억장애만 있고 다른 장애는 없는 경우를 경도인지기능 장애라고 이들 중 약 20% 정도는 치매로 발전할 수 있다.

● 경도인지장애를 예방하기 위한 생활 규칙

고혈압이나 당뇨와 같은 질환을 철저하게 관리하면서 규칙적으로 식사하고 운동하도록 한다.

특히 고지방 섭취는 줄이고 생선을 자주 먹고 신선한 과일과 야채와 물은 소화가 가능한 범위 내에서 충분히 먹고 정상 체중을 유지하는 것이 중요하다. 뇌의 영양이 되는 불포화지방산 섭취를 위하여 견과류나 오메가3가 풍부한 씨앗 등도 좋은 간식이다. 특히 콩 등에 많이 들어있는 포스파티딜세린은 뇌의 신경세포막을 구성하는 주요 성분으로 뇌세포를 보호하고 신경 전달 기능을 활성화함으로써 치매 예방에 도움이 되는 것으로 알려져 있다.

운동은 일상의 수행 능력에 도움이 되므로 관절에 무리가 가지 않는 걷기나 자전거 타기를 주 3회 이상하도록 한다. 매일 스트레칭을 하면서 평소에 쓰지 않는 근육을 사용하고 뇌를 자극할 수 있는 독서나 컴퓨터를 이용한 작업이나 취미활동을 꾸준히 하는 것이 경도인지장애를 예방하는 데 도움이 된다.

● 치매와 알츠하이머병의 차이

치매는 자체가 병이 아니고 여러 원인에 의해 기억력, 판단력, 추리력, 계산 능력 등의 인지기능이 떨어지고 성격의 변화와 이상 행동 등이 발생하는 상태를 말한다.

치매의 원인 중 가장 많은 것은 알츠하이머병과 혈관성치매다. 알츠하이머는 퇴행성 뇌질환의 하나로 우리나라에는 치매 환자의 반 정도를 차지한다. 다음으로 많은 혈관성 치매는 여러 원인에 의해 혈관이 막히거나 뇌의 특정 부분에 혈액 공급이 저하됨으로써 발생한다. 이외에도 우울증, 두부손상, 대사성질환, 감염성질환이 원인이 되어 치매가 발생하기도 한다.

- **● 치매에서 흔히 관찰되는 증상**
  - 건망증이 심해진다.
  - 같은 이야기를 계속해서 반복하거나 같은 질문을 여러 번 되풀이한다.
    (적절한 단어를 찾지 못하고 말이나 글을 끝내지 못한다.)
  - 물건을 잃어버리거나 감추고 또는 다른 사람이 물건을 훔쳤다고 비난한다.
  - 시간개념이 흐려진다.
  - 공포, 초조, 슬픔, 분노 그리고 불안을 보인다(감정의 변화가 심하다).
  - 음식 만들기, 식사하기, 운전 또는 목욕하기 등 일상적인 일들을 하지 못한다.

- **● 디지털치매를 예방하는 생활 습관**

  디지털치매는 휴대전화, 컴퓨터 등의 다양한 디지털 기기에 지나치게 의존한 결과, 기억력과 계산 능력이 크게 떨어지는 상태를 의미하는 것으로 일반적인 치매와는 다른 의미이다. 뇌에 들어온 정보는 단기 기억으로 있다가 해마를 통해 대뇌 피질에 저장되면서 장기 기억으로 변하는데 저장되기 전 새로운 정보나 더 재미있는 정보가 들어오면 기존 정보는 우선순위에서 밀려난다.

  디지털 건망증을 오래 앓은 사람의 뇌는 정보를 단기 기억으로 처리하는 방법에만 익숙해지고 이러한 현상이 반복되면 단기 기억을 장기 기억으로 변환하는 데 어려움이 생겨 기억력에도 문제가 생길 수 있다. 디지털치매는 디지털 기기의 의존도가 높은 젊은 층에서 많이 나타나고 있으며, 뇌 기능이 심각하게 퇴화하면서 건망증부터 나타난다.

  규칙적인 운동으로 뇌로 가는 산소의 양을 늘리고 충분한 에너지를 공급하며 숙면을 할 수 있도록 하고 명상 등을 통해 스트레스를 줄이는 노력을 해야 한다. 그리고 두뇌 건강에 도움이 되는 견과류나 오메가가 풍부한 생선이나 달걀 등을 꾸준히 섭취하는 것도 중요하다.

뇌질환 푸드테라피

기억력, 인지기능, 뇌졸중, 알츠하이머 등의 뇌 기능과 연관된 영양성분은 오메가3 지방산, 아연, 엽산, 비타민 B12, 비타민 E, 비타민 C 등이다.

뇌세포 막을 둘러싸고 있는 신경세포와 같은 성분인 오메가3 지방산을 구성하는 DHA, EPA는 뇌 혈류 흐름을 원활하게 하여 정상적인 두뇌 활동을 하게 해주며 아연 결핍은 알츠하이머를 일으키는 주요 원인 중의 하나로 알려져 있다.

엽산은 뇌가 신경전달물질을 합성하는데 필수적인 영양소로 적정수준 섭취 시 기억력 및 인지능력에 도움을 주고 결핍 시에는 (호모시스테인 농도가 상승하여) 우울감이 생길 수 있는 것으로 알려져 있다.

비타민 B12는 신경 기능 손상과 관련된 영양소로 결핍되면 마비, 통증, 고령자의 정신기능 손상, 우울증과 관련이 있으며 뇌 기능의 산화적 손상이 알츠하이머 발생과 진행에 큰 영향을 미치는 것으로 볼 때, 비타민 C와 E 같은 항산화 영양소는 알츠하이머 예방에 중요한 역할을 한다고 할 수 있다.

뇌 건강과 관련된 영양성분이라고 할 수 있는 아연 권장 섭취량은 7~10mg, 엽산 권장 섭취량 400㎍, 비타민 B12 권장 섭취량은 24㎍ 비타민 E 권장 섭취량 12mg, 비타민 C 권장 섭취량은 100mg(2015 KDRIs)이다.

이와 같은 점을 고려하여 식품군별 오메가3 지방산, 아연, 엽산, 비타민 B12, 비타민 E, 비타민 C 함량이 높은 순위의 식재료를 선정하였다.

■ **식품군별 오메가-3 함량이 높은 식품**

종실류(들깨, 호두)와 해조류(매생이) 난류(메추리알)

- 들깨 23.82 호두 11.46 (종실류 평균 3.51g)

- 매생이 0.25 (해조류 평균 0.1g)

- 메추리알 0.12 (난류 평균 0.1g)

- 적양배추 0.27, 민들레 0.26, 깻잎 0.25, 시금치 0.21, 유채잎 0.17, 미나리 0.14, 원추리 0.14, 부추 0.13, 홍고추 0.13, 열무 0.11 (채소류 평균 0.08g)

- 보리 0.09, 메밀 0.08 (곡류 평균 0.04g)

- 구기자 0.03 (과일류 평균 0.02)

- 토란 0.01, 고구마 0.01, (감자류 평균 0.004g)

■ **식품군별 아연 함량이 높은 식품**

육류(소고기, 돼지고기)와 난류(메추리알), 곡류 (메밀, 보리), 채소류(시금치, 원추리, 민들레, 적양배추, 초석잠, 마늘, 단호박), 해조류(매생이)

- 소고기 6.71, 돼지고기 2.46 (육류 평균 3.83mg)

- 메추리알 1.97 (난류 평균 1.75mg)

- 메밀 3.09, 보리 2.0 (곡류 평균 1.51mg)

- 시금치 2.01, 원추리 1.12, 민들레 0.93, 적양배추 0.75, 초석잠 0.66, 마늘 0.66, 단호박 0.59 (채소류 평균 0.56mg)

- 매생이 1.01 (해조류 평균 0.42mg)

- 토란 0.32 (감자류 평균 0.31mg)

- 구기자 0.33 사과 0.24, 꾸지뽕 0.2 (과일류 평균 0.15mg)

■ **식품군별 엽산 함량이 높은 식품**

채소류(유채잎, 시금치, 모링가, 깻잎, 마늘, 꽈리고추, 민들레, 미나리, 원추리, 열무, 부추), 해조류(매생이), 난류(메추리알), 감자류(고구마, 토란), 곡류(보리, 메밀), 과일류(구지뽕, 구기자, 귤, 감)

- 유채잎 299, 시금치 272, 모링가 266, 깻잎 150, 마늘 125, 꽈리고추 96, 민들레 91, 미나리 85, 원추리 80, 열무 71, 부추 71 (채소류 평균 68.36μg)

- 메추리알 131 (난류 평균 106μg)

- 매생이 71 (해조류 평균 43μg)

- 고구마 90, 토란 37 (감자류 평균 33μg)

- 보리 75, 메밀 41 (곡류 평균 33.4㎍)
- 꾸지뽕 38, 구기자 36, 귤 29, 감 26 (과일류 평균 22.06㎍)

■ **식품군별 비타민 B12 함량이 높은 식품**

육류 (소고기), 어패류(바지락, 꼬막), 난류(메추리알), 해조류(매생이)

- 소고기 5.0 (육류 평균 3.52㎍)
- 바지락 74.0, 꼬막 45.9 (어패류 평균 11.6㎍)
- 메추리알 3.37 (난류 평균 1.50㎍)
- 매생이 10.2 (해조류 평균 4.74㎍)

■ **식품군별 비타민 E 함량이 높은 식품**

곡류(메밀, 보리), 채소류(홍고추, 민들레, 단호박, 원추리, 적양배추, 시금치, 깻잎), 과일류(구지뽕, 구기자, 아로니아), 난류(메추리알)

- 메밀 5.17, 보리 3.59 (곡류 평균 1.50mg)
- 홍고추 8.22, 민들레 5.76, 단호박 3.94, 원추리 2.03, 적양배추 1.66, 시금치 1.63, 깻잎 1.13, (채소류 평균 0.97mg)
- 구지뽕 3.85, 구기자 2.27, 아로니아 1.68 (과일류 평균 0.74mg)
- 메추리알 2.0 (난류 평균 1.6mg)
- 돼지고기 0.41, 소고기 0.37 (육류 평균 0.32mg)
- 매생이 0.36 (해조류 평균 0.17mg)
- 토란 0.49, 고구마 0.24 (감자류 평균 0.11mg)

■ **식품군별 비타민 C 함량이 높은 식품**

과일류(감, 귤), 채소류(모링가, 오가피, 유채잎, 시금치, 꽈리고추, 당귀잎)

- 감 55, 귤 48 (과일류 평균 33mg)
- 모링가 216, 오가피 100, 유채 61, 시금치 60, 꽈리고추 57, 당귀잎 43 (채소류 평균 31mg)
- 관자 3, 가자미 2, 바지락 2 (어패류 평균 1.24mg)

또한 여러 연구에서 뇌 건강 관련된 기능성 성분이 알려져 있는 셀러리(뇌의 염증을 진정시켜주는 루데올린 풍부), 생강(뇌 염증 유발물질을 억제해주는 항산화 성분 풍부), 검정콩(뇌세포 막을 보호하는 포스파티딜세린 풍부, 신경전달물질인 콜린 풍부), 우엉(항염효과가 있는 악티게닌이 풍부) 등을 식품 재료로 이용하면 좋다.

뇌질환에 도움이 되는 약차

● 오미자차

단맛, 신맛, 쓴맛, 짠맛, 매운맛의 다섯 가지 맛을 가진 오미자에는 리그난 성분이 함유되어 뇌의 혈액순환을 촉진하고 인지능력과 기억력을 개선할 수 있게 한다. 또한 오미자 속의 쉬잔드린은 불면증을 완화하게 하고 노화로 인한 뇌세포 손상을 예방하여 치매 등의 발병 위험도를 낮추는데도 도움이 될 수 있다.

● 석창포차

석창포에 함유된 허브향이 나는 성분인 아사론은 건망증이나 기억력 개선과 학습 능력에 효과가 있는 것으로 알려져 치매 예방과 치료에 대한 연구가 활발하게 진행되고 있다. 이 외에도 유게놀과 같은 정유 성분은 뇌의 신경 전달 수용체에 작용하여 진정 작용과 함께 뇌 신경에 약리효과를 나타낸다고 알려져 있다.

● 연잎차

사찰음식에 많이 활용되는 연잎은 진정 작용이 있어 마음을 편안하게 하고 신경이 예민하여 불면증이 있는 경우 수면에 도움을 줄 수 있다. 또한 연잎차에 함유되어 있는 레시틴은 뇌세포를 활성화하여 인지능력과 집중력을 향상하게 하여 뇌 건강에 도움이 된다.

인지 · 기억력 회복 음식

뇌 건강을 위한 식이에서는 뇌 건강과 관련이 있는 영양
소가 풍부한 재료가 들어있는 음식을 한 끼니 메뉴로 다
양하게 먹을 수 있도록 하는 것이 중요하다. 따라서 밥,
국, 반찬의 메뉴를 골고루 소개하고자 하였으며 반찬의
경우 조림, 찜, 볶음, 구이, 튀김 등으로 조리법을 다양
화하였다.

뇌건강
맞춤
음식

민들레 보리 리소토

재료

바지락 400g

민들레잎 30g

보리 1/2컵

쌀 1/2컵

양파 1/4개

마늘 2쪽

화이트 와인 2큰술

올리브오일

소금 약간

후춧가루 약간

약초물 3컵

만드는 법

1. 냄비에 화이트 와인과 해감 시킨 바지락을 넣고 뚜껑을 덮고 익힌 후 바지락살을 발라 놓는다.
2. 팬에 올리브오일을 두르고 다진 양파와 편으로 썬 마늘을 넣고 볶는다.
3. 2에 보리와 쌀을 넣고 약초물을 2~3회 나누어 넣어주면서 익힌 후 소금, 후추로 간한다.
4. 썰어 놓은 민들레잎과 익힌 바지락살을 넣어 살짝 끓여 완성한다.

* 민들레에 있는 콜린 성분은 간에 지방이 쌓이지 않도록 해주고 담즙 분비를 촉진하여 간 건강에 도움이 되며 소염작용이 있는 것으로 알려져 있다.

뇌건강 맞춤 음식

열무 메밀밥

재료

열무 200g

볶은 메밀 1/2컵

쌀 1/2컵

약초물 1컵

들기름 1큰술

소금 약간

양념

간장 1큰술

설탕 1/2큰술

고춧가루 1/2큰술

다진 파 1큰술

다진 마늘 1/2큰술

들기름 1큰술

참깨 약간

약초물 2큰술

만드는 법

1. 메밀과 쌀은 충분히 물에 불려 놓는다.
2. 열무는 소금을 넣은 끓는 물에 데쳐서 1cm 정도로 썰고 소금과 들기름으로 간한다.
3. 메밀과 쌀로 밥을 짓다가 뜸을 들일 때 열무를 넣는다.
4. 분량의 양념을 섞어 양념장을 만든다.
5. 열무 메밀밥에 잘 섞은 양념장을 곁들여 완성한다.

뇌건강 맞춤
음식

고구마 호박범벅

재료

고구마 200g

단호박 400g

팥 2큰술

찹쌀가루 2/3컵

설탕 2큰술

약초물 3컵

소금 약간

만드는 법

1. 팥은 잘 씻어 물을 넉넉히 붓고 끓어오르면 첫 물을 버리고 다시 물을 부어 푹 삶는다.
2. 단호박은 껍질을 벗겨 적당한 크기로 썰어 약초물을 자작하게 부어 설탕, 소금을 넣고 무르게 삶는다. 이때 껍질을 벗겨 1~1.5cm 주사위 모양으로 썬 고구마를 함께 끓인다.
3. 2에 팥을 넣어 잘 섞는다.
4. 약초물에 푼 찹쌀가루를 3에 넣고 나무 주걱으로 저으면서 걸쭉하게 끓인다.

* 범벅은 곡식 가루에 감자, 옥수수, 호박 같은 것을 섞어서 되직하게 끓인 죽 형태 음식이다. 1700년대의 『음식보(飮食譜)』에 "범벅같이"라는 말이 나오는 것으로 보아 상당히 오래된 우리나라 음식이라고 하겠다.

뇌건강 맞춤 음식

한방볶음면

🥛 재료

소고기(불고기용) 100g

우동면 200g

양파 1/2개

우엉 70g

맥문동 10g

구기자 10g

용안육 10g

다진 파 1큰술

식용유 약간

조림장

약초물 1컵

간장 3큰술

설탕 1큰술

청주 1작은술

후춧가루 약간

🍲 만드는 법

1. 팬에 식용유를 두르고 다진 파를 볶은 후 먹기 좋게 썰어놓은 소고기와 채 썬 양파를 넣고 살짝 볶는다.
2. 우엉은 연필 깎듯이 곱게 채 쳐서 볶는다.
3. 맥문동, 구기자, 용안육은 약초물에 불려 놓는다.
4. 우동면은 끓는 물에 데친 후 체에 받쳐둔다.
5. 냄비에 조림장 재료를 섞어 끓이다가 1, 2, 3을 넣고 맛이 배도록 조린다.
6. 5에 우동면을 넣어 잘 버무려 준 후 접시에 담아 완성한다.

▽ 용안육, 맥문동, 구기자

맥문동 매생이국

재료

매생이 100g

맥문동 50g

물 5컵

국간장 1큰술

다진 마늘 1/2큰술

참기름 1큰술

소금 1작은술

만드는 법

1. 물에 맥문동을 넣고 중간 불에서 1시간 정도 끓인다.
2. 매생이는 찬물에 담가 흔들어 씻은 후 맥문동 끓인 물에 넣어 끓인다.
3. 국간장과 소금, 다진 마늘을 넣고 끓인 후 참기름을 넣어 완성한다.

△ 맥문동   △ 매생이

* 매생이의 철분 함량은 100g당 43.1mg으로 우유의 40배 정도이고, 칼슘 함량은 100g당 574mg으로서 우유의 5배 정도 높다.

뇌건강 맞춤 음식

검정콩 토란찌개

재료

검정콩 1/2컵
토란 100g
약초물 3컵
국간장 1큰술
다진 마늘 1작은술
소금 약간

만드는 법

1. 검정콩은 충분히 불린 후 물을 약간 넣어 블렌더에 되직하게 간다.
2. 토란은 껍질을 벗기고 물에 담가 두었다가 소금물에 삶은 후 1cm 크기의 주사위 모양으로 썬다.
3. 냄비에 약초물과 갈아놓은 검정콩을 넣고 약불에서 끓인다.
4. 3이 끓어오르면 토란을 넣고 다시 끓인다.
5. 다진 마늘과 국간장, 소금을 넣어 완성한다.

TIP

• 토란의 아린 맛은 끓는 소금물에서 3분 정도 삶아주면 제거된다. 이때 5분 이상 삶으면 몸에 좋은 뮤신 성분이 파괴될 수 있으므로 너무 오래 삶는 것은 좋지 않다.

뇌건강
맞춤
음식

토마토소스 관자 샐러드

재료

관자 100g

당귀잎 50g

적양배추 30g

귤 1개

식용유 약간

토마토소스

토마토 1개

양파 1/2개

청양고추 1/2개

설탕 1작은술

소금 1작은술

식초 1큰술

레몬즙 또는 라임즙 1/2큰술

후추 약간

만드는 법

1. 관자는 모양을 살려 슬라이스한 후 식용유를 두른 팬에 굽는다.
2. 당귀잎은 잘 씻어 한입 크기로 뜯고, 귤은 단면으로 얇게 썬다.
3. 적양배추는 곱게 채 썬다.
4. 토마토, 양파는 굵게 다지고 청양고추는 곱게 다진 후 나머지 소스 재료를 넣어 잘 섞어 토마토소스를 만든다.
5. 모든 재료와 토마토소스를 버무려 완성한다.

TIP

• 토마토소스를 많이 넣고 버무려 소스의 재료 자체를 샐러드로 먹을 수 있도록 만드는 음식이다.

셀러리 모둠과일냉채

 재료

셀러리 100g

사과 1/4개

감 1/2개

배 1/4개

메추리알 50g

겨자소스

간장 1작은술

설탕 2작은술

식초 1큰술

연겨자 1큰술

매실청 1큰술

다진 마늘 1/2작은술

참기름 1작은술

소금 약간

만드는 법

1. 셀러리는 섬유질을 제거하고 어슷 썬다.
2. 사과, 감, 배는 껍질을 벗겨서 채 썬다.
3. 메추리알은 삶아 반으로 자른다.
4. 모든 재료를 잘 버무려 담고, 잘 섞은 겨자소스를 곁들여 완성한다.

적양배추 사과조림

🧺 재료

적양배추 100g

사과 1/4개

양파 1/4개

건포도 1큰술

사과주스 1/3컵

레몬즙 1큰술

황설탕 1작은술

버터 1큰술

소금 약간

🍳 만드는 법

1. 적양배추와 사과는 0.3~0.5cm 크기로 채 썬다.
2. 양파는 0.2cm 크기로 얇게 채 썰어 버터를 두른 냄비에 볶는다.
3. 2에 적양배추와 사과, 건포도, 사과주스, 레몬즙과 황설탕을 넣고 중불에서 뚜껑을 덮고 20분 정도 익힌다.
4. 소금으로 간하고 따뜻할 때 서빙한다.

TIP 🍴

• 뚜껑을 덮고 약한 불에서 끓이다가 마지막에 센 불에서 뚜껑을 열고 볶듯이 조리하면 윤기가 난다.

* 로트콜(Rotkohl)은 적양배추를 초절임하여 샐러드 형태로 만들어 메인 요리에 곁들여서 서빙되는 독일 음식으로 로트콜을 응용하여 우리 입맛에 맞게 개발한 음식이다.

가자미 구찌뽕조림

재료

가자미 2마리
약초물 1컵
생강 1톨
구찌뽕 30g
깻잎 3장

조림 양념

청주 2큰술
간장 2큰술
설탕 1큰술
다진 마늘 1작은술

만드는 법

1. 가자미는 손질하여 칼집을 내고 소금을 뿌려 놓는다.
2. 냄비에 가자미, 구찌뽕, 조림 양념, 약초물을 넣어 조린다.
3. 생강은 곱게 채 썰어 물에 담가 매운맛을 제거한다.
4. 접시에 가자미를 담고, 채 썬 깻잎과 생강을 담아 완성한다.

▽ 구찌뽕

* 구찌뽕은 가바(GABA)가 풍부하여 뇌혈류 개선, 뇌세포 기능을 촉진시켜 기억력 증진, 신경안정작용, 우울증 완화 등에 도움을 준다.

호두 용안육조림

📋 재료

호두 100g

용안육 50g

식용유 약간

마늘 2쪽

간장 3큰술

약초물 3큰술

올리고당 1큰술

참기름 1작은술

🍲 만드는 법

1. 용안육은 살짝 데쳐놓고 호두는 씻은 후 삶는다.
2. 팬에 식용유를 두르고 슬라이스 한 마늘을 볶아서 마늘향을 낸 후 용안육과 호두를 볶다가 간장과 약초물을 넣고 조린다.
3. 올리고당과 참기름을 넣어 완성한다.

* 용안육은 둥글게 생기고 용의 눈과 비슷하다 하여 붙여진 이름으로 단맛을 낸다. 세레브로사이드(뇌와 신경에서 볼 수 있는 스핑고 당지질)는 뇌를 보호하는 효과가 있다고 알려져 있으며 비타민 C와 비타민 B가 풍부하게 들어있어 피로회복, 면역체계와 신경계 기능을 좋게 하는 역할을 한다.

모링가소스 삼치조림

재료

삼치 1마리
약초물 2컵
홍고추 1개

모링가소스

모링가 가루 1/2큰술
간장 1큰술
설탕 1/2큰술
다진 파 1큰술
다진 마늘 1/2큰술
참깨 1큰술
참기름 1/2큰술
후춧가루 약간

만드는 법

1. 삼치는 조림용으로 잘라 내장을 제거하고 흐르는 물에 씻는다.
2. 소스 재료를 모두 혼합하여 끓인다. 이때 참깨는 손으로 으깨면서 넣어준다.
3. 냄비에 약초물과 모링가소스를 넣고 끓으면 삼치를 넣어 조린다.
4. 어슷 썬 홍고추를 얹어 완성한다.

* 모링가는 항산화물질이 풍부하고 셀레늄, 프로보노이드 등이 있어 혈관을 깨끗하게 해준다.

뇌건강
맞춤
음식

꽈리고추 하수오찜

재료

꽈리고추 100g
하수오 가루 1+1/2큰술
밀가루 1/2큰술
홍고추 1/2개
참깨 약간

양념

고춧가루 1/2작은술
간장 2작은술
올리고당 1작은술
다진 파 1작은술
다진 마늘 1/2작은술
참기름 1작은술

만드는 법

1. 꽈리고추는 잘 씻어 꼭지를 떼고 체에 밭쳐 물기를 뺀 후 밀가루와 하수오 가루 섞은 것에 골고루 버무려 준다.
2. 김이 오른 찜기에 젖은 면보를 깔고 꽈리고추를 얹어 찐다.
3. 쪄낸 꽈리고추를 한 김 식힌 후 섞어 놓은 양념에 골고루 버무려 준다.
4. 잘게 썬 홍고추를 올리고 참깨를 뿌려 완성한다.

* 하수오는 한방에서 많이 활용했던 약초로 강장제, 강정제, 완화제로 사용한 것으로 전해진다. 하수오에는 퀴논 화합물, 플라보노이드, 아마이드 등 여러 기능성 물질이 함유되어 있어 항노화, 면역력 증강, 기억력 개선 등의 효과가 있는 것으로 알려져 있다.

구기자 시금치볶음

🥛 재료

시금치 200g
구기자 20g
식용유 약간
소금 1/2작은술
약초물 약간

🍲 만드는 법

1. 시금치는 다듬어서 데친 후 물기를 짜고 5cm 길이로 썬다.
2. 구기자는 물에 불려 놓는다.
3. 팬에 식용유를 두르고 약초물을 약간 넣은 후 시금치와 구기자를 볶으면서 소금으로 간하여 완성한다.

> * 구기자는 콜린 대사물질의 하나인 베타인이 풍부해서 간에 지방이 축적되는 것을 억제한다. 또한 비타민C, 루틴 등이 있어 혈관 건강에 좋다.

초석잠 궁중떡볶이

재료

가래떡 200g
초석잠 50g
다진 소고기 50g
미나리 20g
당근 20g
달걀 1개
약초물 약간
식용유 약간

양념

간장 1큰술
설탕 1작은술
다진 마늘 1/2작은술
다진 파 1/2작은술
참기름 1/2작은술
깨소금 1/2작은술

◁초석잠

만드는 법

1. 가래떡은 4~5cm길이로 자르고 세로로 4등분하여 끓는 물에 데친다.
2. 초석잠은 길게 반으로 잘라 끓는 물에 데친다.
3. 다진 소고기는 양념의 1/2 분량에 재웠다가 볶은 후 데친 떡과 버무려 놓는다.
5. 미나리는 다듬어서 데쳐 4cm 길이로 자르고, 당근은 채 썬다.
6. 달걀은 황백으로 지단을 부쳐 채 썬다.
7. 팬에 지단을 제외한 모든 재료와 나머지 양념을 넣고 볶는다.
8. 그릇에 담고 지단을 고명으로 위에 얹어 완성한다.

---

* 초석잠은 석잠풀의 뿌리로 누에를 닮았다고 하여 이름에 누에 잠(蠶)을 사용한다. 뇌 기능을 활성화시켜주는 페닐에타노이드 성분과 치매를 예방할 수 있는 콜린 성분이 풍부하게 들어있다.

들깨 북어튀김

재료

북어채 100g
들깨 1큰술
깻잎 20g
식용유

북어채 양념

간장 2작은술
설탕 1작은술
다진 파 1작은술
다진 마늘 1/2작은술
깨소금 1작은술
참기름 1/2작은술
후춧가루 약간

튀김 반죽

밀가루 1/2컵, 마 가루 1/2컵
달걀 흰자 1개, 얼음물 1/2컵

초간장

간장 1큰술, 설탕 1작은술
식초 2작은술, 약초물 1큰술

만드는 법

1. 북어채는 물에 불렸다 물기를 짠 후 양념에 재워둔다.
2. 밀가루와 마 가루에 달걀흰자를 풀어 넣고 가볍게 저어 준 후 얼음물을 넣고 섞어 튀김 반죽을 만든다.
3. 튀김 반죽에 북어채, 들깨, 채 썬 깻잎을 넣어 잘 섞는다.
4. 기름의 온도가 170℃ 정도 되면 한입 크기로 반죽을 넣어서 노릇하게 튀겨낸다.
5. 바삭한 질감이 되도록 한 번 더 튀긴 후 초간장을 곁들여 낸다.

아로니아소스 제육구이

재료

돼지고기 목살 300g

부추 10g

마늘 2쪽

양파 1/2개

양념

된장 3큰술

약초물 3큰술

간장 1큰술

올리고당 3큰술

설탕 1/2큰술

참기름 1/2큰술

깨소금 1/2큰술

아로니아소스

아로니아 주스 5큰술

꿀 2작은술

만드는 법

1. 돼지고기는 0.5cm 두께로 나박하게 썰어 칼집을 넣는다.
2. 부추는 송송 썰고 마늘은 굵게 다진다.
3. 된장에 약초물을 넣어 묽게 갠 후 분량의 양념 재료를 섞어 양념장을 만든다.
4. 1과 2에 양념을 넣어 버무린 후 양념이 배이면 팬에 굽는다.
5. 아로니아 주스와 꿀을 섞어 조려서 소스를 만든다.
6. 채썬 양파를 깐 접시에 4를 담고 아로니아소스를 뿌리거나 곁들여 낸다.

TIP

• 아로니아, 오미자, 구기자 등 안토시아닌이 풍부한 재료를 이용하여 다양한 소스를 만들 수 있다.

* 아로니아는 안토시아닌이 매우 많이 들어있어서(100g 당 1480mg, 라즈베리의 100g 당 92mg, 블루베리의 100g 당 386mg) 항산화 작용이 뛰어나고 콜레스테롤 수치를 낮춰주어 심혈관계 질환과 뇌졸중 예방에도 도움을 준다고 알려져 있다.

뇌건강
맞춤
음식

원추리 산적

🥛 재료

원추리 100g

소고기(불고기용) 200g

밀가루 1큰술

진간장 1/2큰술

참기름 약간

참깨 약간

하수오 가루

불고기 양념

진간장 1큰술

참기름 2작은술

후춧가루 약간

🍳 만드는 법

1. 원추리는 6cm정도 길이로 썰어 끓는 물에 데쳐 물기를 짜 놓는다.

2. 소고기는 양념하여 불고기 하듯이 익힌다.

3. 꼬치에 원추리와 소고기를 번갈아 꽂은 뒤 밀가루를 묻힌다.

4. 약초물에 하수오 가루, 밀가루, 진간장, 참기름을 섞어 묽은 부침옷을 만든다.

5. 3의 산적을 부침옷에 묻혀 기름 두른 팬에서 지져내고 참깨를 뿌려 완성한다.

TIP 🍴

• 불고기 형태로 미리 익혀 산적을 만든 것이므로 살짝 구워내도 된다.

* 원추리에는 베타카로틴을 비롯한 비타민류(B, C, E)가 풍부하고 뿌리에는 결핵균 발육을 억제한다고 알려져 있는 콜히친 성분이 많다.

유채잎 닭마늘구이

재료

닭가슴살 300g(약 3개)
복령 가루 2큰술
전분 2큰술
양파 1/2개
청고추 1개
홍고추 1개
마늘 2쪽
유채잎 50g

닭가슴살 양념
청주 1큰술
다진 마늘 2큰술
소금 약간
후추 약간

조림 양념
약초물 1/2컵
간장 3큰술
설탕 1+1/2큰술
식초 1큰술
전분 1작은술

만드는 법

1. 닭가슴살은 반으로 저며 소금, 후추, 다진 마늘과 청주로 밑간을 한 후 복령 가루와 전분을 섞은 가루에 묻혀 식용유를 두른 팬에서 노릇하게 지진다.
2. 양파는 채 썰고 청고추, 홍고추는 씨를 제거한 후 송송 썰고 마늘은 얇게 편으로 썬다.
3. 팬에 기름을 두르고 마늘과 양파, 청,홍고추를 볶다가 잘 섞은 조림 양념을 넣고 끓인다.
4. 끓어오르면 1을 넣고 조린 후 한 입 크기로 썬다.
5. 유채잎은 씻어 물기를 제거하고 먹기 좋은 크기로 썬다.
6. 접시에 유채잎을 깔고 조림한 닭을 올려 완성한다.

* 복령은 균핵을 형성하는 약용버섯의 균핵 내부로, 트리테르펜, 다당류, 스테로이드로 구성되어 있으며 다당류의 약리작용 특히 항암, 항염증, 항산화 작용 등이 보고되었다.

보리 술빵

🧺 재료

보릿가루 240g

멥쌀가루 10g

콩 50g

설탕 70g

소금 1작은술

베이킹파우더 1큰술

베이킹소다 5작은술

막걸리 1컵

약초물 1컵

🍳 만드는 법

1. 보릿가루, 멥쌀가루, 설탕, 소금, 베이킹파우더, 베이킹소다를 체에 내려 혼합한다.
2. 약초물과 막걸리는 섞어 50℃ 정도로 따뜻하게 데운다.
3. 1의 가루와 막걸리물을 섞은 후 반죽하여 상온에서 1시간 정도 발효시킨다.
4. 콩은 물을 넉넉히 넣고 삶아 체에 밭쳐 준비한다.
5. 발효시킨 반죽에 삶은 콩을 넣어 섞는다.
6. 적절한 용기에 부어 찜통에서 20분 정도 쪄서 완성한다.

▽ 반죽에 콩소를 넣는 모습

🍴 TIP

• 반죽에 콩을 섞지 않고 사진처럼 소 형태로 넣어도 좋다.

PART

03

뼈 · 관절질환

뼈 건강 개선 음식 20가지

뼈 · 관절질환 핵심 포인트

● **골다공증과 골감소증 인구 현황 : 나는 어디에 있는가**

대한골대사학회 자료(2019)에 따르면 50세 이상 골다공증 유병률은 22.4%, 골감소증 유병률은 47.9로 성인 5명 중 1명이 골다공증 환자, 2명 중 1명이 골감소증이다. 남자에서 골다공증 유병률은 여자의 1/5이지만 골감소증은 유사한 것으로 보고되었다. 또한 연령이 높을수록 증가하여 70세 이상 여성은 68.5%가 골다공증 환자이며, 50세 이상 골다공증 골절 발생 건수도 해마다 증가하고 있다.

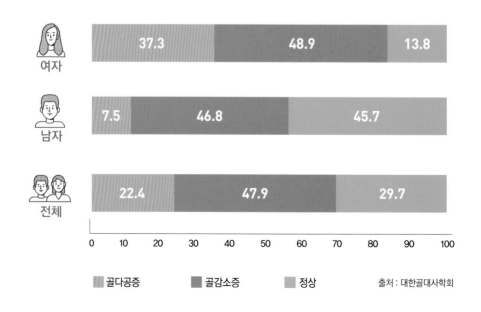

골다공증과 골감소증 유병률 (단위 : %)

	골다공증	골감소증	정상
여자	37.3	48.9	13.8
남자	7.5	46.8	45.7
전체	22.4	47.9	29.7

출처 : 대한골대사학회

● 뼈의 일생

뼈는 평생 생성되고 흡수되는 과정을 반복하면서 변하는 장기 중의 하나다. 1년마다 뼈의 10%가 교체된다고 하니 10년이면 우리 몸의 뼈가 모두 새롭게 교체되는 셈이다.

뼈의 양은 사춘기를 지나 30대 초까지 증가하다가 30대 후반부터 뼈의 생성 속도가 흡수 속도보다 느려지게 되어 뼈의 양이 감소하게 된다.

특히 여성의 경우 폐경기가 되면 뼈의 흡수를 막아주는 에스트로겐이 갑자기 감소하면서 뼈의 손실도 급격히 많아진다. 반면에 남성은 폐경기의 영향을 덜 받지만 나이가 들면서 칼슘 흡수가 줄어들어 뼈 생성도 감소하게 된다. 이처럼 골밀도는 자연 감소나 폐경기 등 외에도 개인마다 영양이나 질병 상태에 따라 뼈가 손실되는 양에 차이가 날 수 있다.

● 골다공증과 골감소증 관계

골감소증은 골다공증의 전 단계라고 할 수 있다. 뼈의 기질과 무기질 양이 감소하면서 뼈의 물리적 강도가 감소하고 작은 충격에도 쉽게 골절이 되는 골다공증으로 진행이 될 수 있다. 즉 골감소증과 골다공증의 위험요인이 동일하며 뼈에 구조 변화가 오기 전까지는 특별한 증상이 없다.

골다공증은 뼈의 강도가 약해져서 치밀하지 못하고 푸석푸석해지면서 체중이나 압력에 견디지 못하고 가벼운 충격에도 골절이 되는 질환이다. 골다공증은 신체의 어느 부위에도 발생할 수 있지만, 특히 고관절, 척추, 손목뼈에 두드러지게 나타나게 된다.

● 골다공증을 예방을 위한 생활 습관

골다공증 예방은 건강한 식사와 생활 습관을 준수해서 30대의 최대 골밀도를 유지하기 위해 뼈가 손실되는 양을 최대한 줄이는 것이다. 뼈의 감소를 막기 위한 운동은 조깅, 등산과 같이 체중을 싣는 운동이 좋다. 운동은 근육생성에 도움을 주어 낙상 위험도 감소시키는 효과가 있어서 보행 습관부터 시작하는 것이 좋다.

뼈 · 관절질환 푸드테라피

뼈 건강과 관련된 식생활 관련 요인은 칼슘 부족, 인의 과잉 섭취, 산성식품의 과다한 섭취, 미량 무기질 결핍 등이다. 특히 체내에서 칼슘이 소실되게 촉진하는 요인으로는 정제당, 인산염이 첨가된 탄산음료의 과도한 섭취 등을 들 수 있다. 최적의 뼈 건강을 유지하기 위해서는 영양소를 골고루 섭취하는 것이 가장 이상적이나 특히 칼슘, 마그네슘, 망간, 비타민 D 등의 섭취가 중요하다.

뼈를 구성하는 주성분인 칼슘은 체내에서의 흡수율이 특히 중요하다. 구연산칼슘, 젖산칼슘 같은 이온화된 용해성 칼슘이 탄산칼슘 같은 불용성 칼슘염보다 흡수율이 높다.

마그네슘이 결핍되면 활성형 비타민 D의 농도가 저하되고, 부갑상선 호르몬과 칼시토닌 분비에 영향을 미치므로 골다공증 예방과 치료에서 칼슘만큼이나 중요하여 칼슘과 마그네슘의 비율은 2대 1 정도가 가장 이상적인 것으로 알려져 있다. 또한 망간은 뼈의 형성을 도와주며 칼슘, 마그네슘 대사에 관여하며, 비타민 D는 피부에서 합성되어 간과 신장에서 활성형의 비타민 D로 전환되어 장에서의 칼슘 흡수 촉진과 뼈와 신장에서의 칼슘 재흡수에 중요한 역할을 하고, 녹색잎 채소에 많이 들어 있는 비타민 K1은 뼈의 주요한 비콜라겐 단백질인 오스테오칼신을 활성화하여 칼슘을 뼈에 고정시키는 역할을 한다.

뼈 건강과 관련된 영양성분이라고 할 수 있는 칼슘 권장섭취량은 700~800mg이며, 마그네슘 권장섭취량은 280~370mg, 망간 충분 섭취량은 3.5~4.0mg, 비타민 D 충분 섭취량은 10~15㎍, 비타민 K 충분 섭취량은 65~75㎍(2015 KDRIs)이다.

이와 같은 점을 고려하여 각 식품군별 칼슘, 마그네슘, 망간, 비타민 D, 비타민 K 함량이 높은 순위의 식재료를 선정하였다.

■ 식품군별 칼슘 함량이 높은 식품

유제품(치즈, 요거트, 우유), 생선류(멸치, 뱅어포, 정어리, 연어), 콩류(병아리콩, 두부), 채소류(시금치, 브로콜리, 케일, 청경채, 배추), 과일류(오렌지)

- 고추잎 369, 모링가 313, 아욱 267, 홑잎나물 262, 적겨자잎 256, 뽕잎 243, 하수오 204, 냉이 193, 열무 156, 두릅 140, 참취 134, 고구마 줄기 132, 민들레 119, 세발나물 103, 부추 107, 치커리 93, 취나물 93 (채소류 평균 90mg)

- 잠두 103 (두류 평균 60.2mg)
- 갈근 383, 고구마 43 (감자류 및 전분류 36.3mg)
- 오트밀 60, 보리 30, 현미 27 (곡류 평균 12.7mg)
- 산수유 63, 무화과 41, 구찌뽕 36, 아로니아 33, 라즈베리 25 (과일류 평균 14.4mg),
- 황태 354, 게살 218, 모시조개 145 (어패류 평균 119mg)
- 소고기 샤브샤브 50, 소고기 48, 돼지 등갈비 18, 다진 돼지고기 5 (육류 평균 11mg)
- 호두 81 (견과류 평균 40.6mg)

■ 식품군별 마그네슘 함량이 높은 식품

녹색잎 채소류(시금치-비타민 K, 케일, 양배추), 견과류(참깨, 아몬드, 피스타치오, 땅콩, 호두), 씨앗류(호박씨), 통곡류(현미), 콩류(대두)

- 갈근 242 (칼슘 망간 풍부), 잠두 192 (칼슘 망간 풍부), 고추잎 107 (칼슘, 망간, 비타민 K 풍부), 홑잎나물 83 (칼슘, 망간, 비타민 K 풍부), 아욱 68 (칼슘, 망간, 비타민 K 풍부), 모링가 67 (칼슘, 비타민 K), 뽕잎 62 (칼슘, 망간, 비타민 K 풍부), 냉이 51 (칼슘, 망간, 비타민 K 풍부)
- 바지락 55, 굴 53, 가리비 51, 오징어 47 (비타민 D 풍부), (어패류 평균 38.2mg)
- 달걀 11 (비타민 D 풍부)
- 구지뽕 13 (칼슘, 비타민 K, 망간 풍부)

■ 식품군별 망간 함량이 높은 식품

과일류(푸룬), 곡류(퀴노아)

■ 식품군별 비타민 D 함량이 높은 식품

육류(간, 난황), 생선류(등푸른 생선, 청어, 갈치, 황새치, 연어, 고등어, 정어리), 건버섯류

- 달걀 20.9 (마그네슘 함량 풍부)
- 돼지고기 등갈비 0.82 (칼슘, 마그네슘 풍부)

또한 여러 연구에서 뼈 건강 관련된 기능성 성분이 알려져 있는 구기자(오스테오칼신을 함유해 골다공증 예방에 효과적), 어린잎 채소(부드러운 잎자루 부분에 비타민 K, 칼슘, 마그네슘, 철분 등 풍부), 표고버섯(비타민 D 전구체인 에르고스테롤 풍부), 백복령(뼈 조직을 파괴하는 파골세포를 억제), 베리류(풍부한 비타민 C가 콜라겐 합성을 증가시켜 주고 콜라겐이 골밀도를 높임) 등을 식품재료로 이용하면 좋다.

뼈·관절질환에 도움이 되는 약차

● 홍화차

홍화씨에는 뼈의 구성 성분인 칼슘, 마그네슘 등이 풍부하게 함유되어 있어서 뼈를 생성하고 유지하는 데 도움이 된다. 특히 유기 백금 성분이 들어 있어서 부러진 뼈를 붙게 하는 기능도 있으며, 홍화씨만의 폴리페놀 성분이 골분화를 촉진하여 골밀도를 개선하며 골다공증을 예방하는 효과가 있다고 연구되어 있다.

● 표고버섯차

표고버섯에 함유되어 있는 비타민D는 장에서의 칼슘 흡수와 신장에서 칼슘 재흡수를 하는데 필수 영양소다. 이렇게 비타민 D는 칼슘의 흡수를 도와 뼈의 밀도를 높여서 골절이나 골다공증 등의 위험을 줄여준다. 여러 종류의 버섯 가운데 비타민D의 전구체인 에르고스테롤이 가장 풍부한 버섯은 표고버섯이라고 연구되어 있다.

● 우슬차

쇠무릎처럼 생긴 우슬은 칼슘과 사포닌이 풍부해 뼈를 튼튼하게 해줄 뿐 아니라 만성적인 골다공증에 도움이 된다고 알려져 있다. 또한 우슬은 어혈을 제거하고 골수를 보충하며 근육을 강화하는 효과도 있어 근골격계에 자주 사용하는 약초이기도 하다.

뼈 건강 개선 음식

뼈 건강을 위한 식이에서는 뼈 건강과 관련이 있는 영양소가 풍부한 식품을 활용한 메뉴를 다양하게 소개하였다. 특히 주식으로 활용할 수 있는 밥류나 스파게티뿐만 아니라 샐러드 등의 메뉴를 통하여 녹색 채소를 충분히 섭취할 수 있게 하였다.

현미밥 나물 카나페

재료

현미밥 1컵

· 양념 참기름 1작은술

　　　소금 약간

고춧잎 100g

· 양념 간장 1작은술

　　　다진 파 1/2작은술

　　　다진 마늘 1/2작은술

애호박 100g

· 양념 새우젓 1작은술

　　　소금 약간

붉은 파프리카 100g

· 양념 간장 1작은술

달걀 1개

만드는 법

1. 현미밥을 양념하여 둥글납작하게 빚어 달걀물을 씌운 후 팬에 지져 카나페의 베이스를 만든다.
2. 고춧잎은 끓는 소금물에 삶아 물기를 제거하고 적당히 썰어 양념으로 무친다.
3. 애호박은 채 썰어 소금에 살짝 절인 후 식용유 두른 팬에서 양념하며 볶는다.
4. 붉은 파프리카는 씨를 제거한 후 가늘게 채 썰고 식용유 두른 팬에서 양념하며 볶는다.
5. 현미밥에 나물을 각각 올려 카나페 형태를 완성한다.

뼈건강 맞춤 음식

구찌뽕소스 황태무침 비빔밥

🥛 재료

밥 1컵

· 양념 : 소금 약간

　　　　　참기름 약간

황태채 50g

적겨자잎 30g

세발나물 40g

구찌뽕소스

구찌뽕 15g

고추장 1/2작은술

간장 1/2작은술

생강즙 약간

꿀 1/2작은술

참깨 1/2큰술

참기름 1/2큰술

▽ 구찌뽕소스 황태무침

🍲 만드는 법

1. 황태채는 큰 가시를 발라내고 블렌더에 갈아 보푸라기로 만든다.
2. 구찌뽕은 곱게 갈고 나머지 재료와 섞어 소스를 만든다.
3. 황태 보푸라기에 구찌뽕소스를 넣어 포슬포슬하게 무친다.
4. 적겨자잎은 잘 씻어 먹기 좋은 크기로 썰고 세발나물과 섞어 준비한다.
5. 밥을 소금과 참기름으로 양념하여 그릇에 담고 적겨자잎과 세발나물을 얹은 후 황태 보푸라기 무침을 올려 완성한다.

TIP

· 황태무침의 간을 충분히 해서 고추장소스를 따로 넣지 않아도 바로 비벼 먹을 수 있도록 하였다.

* 구찌뽕은 집중력 강화, 기억력 증진에 좋은 가바(Gamma-AminoButiricAcid) 성분이 함유되어 있다. 구지뽕 나무는 열매뿐만 아니라 잎과 줄기, 뿌리 등 모든 부분을 약재로 사용할 수 있다. 오디와 비교하여 항암 성분인 스티그마스테롤은 160%, 항산화 성분인 폴리페놀은 136% 더 많이 함유되어 있다.

열무 굴밥

재료

열무 100g

건표고버섯 3개

굴 100g

쌀 1컵

약초물 2/3~1컵

소금 약간

양념장

간장 2큰술

다진 파 2큰술

다진 마늘 1큰술

참치액젓 1작은술

고춧가루 1작은술

깨소금 2작은술

참기름 2작은술

만드는 법

1. 쌀은 씻어 물에 불린 후 체에 밭쳐 둔다.
2. 열무는 잘 씻어서 데친 후 송송 썰고 건표고버섯은 물에 불려서 곱게 채 썬다.
3. 굴은 농도가 약한 소금물에 흔들어 씻은 후 체에 건져 물기를 뺀다.
4. 냄비에 쌀, 열무, 표고버섯과 약초물을 넣고 밥을 짓는다.
5. 밥이 뜸들을 때 굴을 넣고 익혀 준다.
6. 분량의 재료를 섞어 양념장을 만들어 곁들여 낸다.

TIP

• 열무와 굴에 수분이 충분히 함유되어 있기 때문에 밥물은 평소보다 조금 적게 잡는 것이 좋다.

냉이 페스토 모시조개 파스타

재료

펜네 100g
모시조개 100g
냉이 50g
청양고추 2개
올리브오일

냉이 페스토
냉이 50g
잣 1+1/2T
올리브오일 4T
소금 약간
후춧가루 약간

만드는 법

1. 펜네는 삶아 올리브오일에 버무려 차게 보관한다.
2. 모시조개는 소금물로 해감하고 끓는 물에 데친 후 살을 발라 놓는다.
3. 청양고추는 링으로 썰어 씨를 털어낸다.
4. 냉이는 소금물에 데친 후 송송 썬다.
5. 소스 재료를 모두 넣어 블렌더에 갈아 냉이 페스토를 만든다.
6. 삶은 펜네와 모든 재료를 혼합하여 차게 낸다.

* '페스토'는 가열 조리하지 않고 찧거나 빻아 만든 그린 소스로 바질 페스토가 가장 많이 알려져 있다.

두릅 해산물 그라탕

🥛 재료

모둠 해산물 150g

두릅 120g

양파 1/4개

마늘 2쪽

화이트와인 2큰술

소금 약간

후춧가루 약간

파슬리 가루 약간

모차렐라치즈 100g

화이트소스

버터 30g

밀가루 30g

우유 1컵

🍲 만드는 법

1. 모둠 해산물은 씻어 체에 밭쳐 놓는다.

2. 두릅은 씻어서 3~4cm 길이로 썬다. 이 때 굵은 부위는 편으로 갈라서 사용하면 좋다.

3. 양파는 다지고, 마늘은 편으로 썬다.

4. 팬에 버터를 녹이고 밀가루를 볶은 후 우유를 조금씩 부어가며 화이트소스를 만든다.

5. 다른 팬에 버터를 녹여 마늘과 양파로 향을 낸 후 해산물과 두릅을 볶으며 화이트와인, 소금, 후추로 간한 후 4의 화이트소스를 섞는다.

6. 오븐 용기에 5를 담고, 파슬리 가루를 뿌린 후 모차렐라치즈를 올려 200℃ 오븐에서 15분 정도 구워 완성한다.

뼈건강 맞춤음식

아욱 게살수프

🧺 재료

아욱잎 30g

게살 100g

약초물 4컵

달걀흰자 2개

참기름 약간

소금 약간

전분물

물 3큰술

전분 1큰술

🍲 만드는 법

1. 아욱잎은 찬물에 비벼 풋내를 제거하고 물기를 짠 후 잘게 썬다.
2. 약초물이 끓어오르면 아욱과 게살을 넣고 익힌다.
3. 2가 끓으면 달걀흰자를 풀고 전분물을 넣고 저어준다.
4. 소금으로 간하고 참기름을 넣어 완성한다.

뼈건강
맞춤
음식

통보리 고구마 강된장

재료

통보리 50g

고구마 1개

양파 1/2개

마늘 5쪽

청양고추 1개

홍고추 1개

된장 3큰술

고추장 1큰술

통밀가루 1큰술

약초물 1컵

참기름 2큰술

만드는 법

1. 통보리는 물을 넉넉히 붓고 푹 삶는다.

2. 고구마는 0.5cm크기의 주사위 모양으로 썬다.

3. 양파와 마늘은 굵게 다지고 청양고추와 홍고추는 송송 썬다.

4. 된장, 고추장, 통밀가루를 섞는다.

5. 팬에 참기름을 두르고 3을 볶은 후 4를 넣고 타지 않게 볶는다.

6. 약초물을 붓고 통보리 삶은 것과 고구마를 넣은 후 약한 불에서 물기가 거의 없어질 때까지 졸여 완성한다.

민들레 샤브샤브 냉채

📋 재료

소고기(샤브샤브용) 200g

민들레순 50g

참취잎 50g

세발나물 50g

양파 1/2개

데침용 물

물 5컵

청주 2큰술

간장 2큰술

미림 2큰술

참깨소스

참깨 30g

간장 3큰술

식초 4큰술

설탕 2큰술

다진 마늘 1큰술

연겨자 1큰술

🍲 만드는 법

1. 데침용 물을 끓여서 소고기를 한 장씩 넣고 익힌 후 건져내 얼음물에 담갔다 체에 밭쳐 물기를 제거한다.
2. 참깨는 분쇄기로 곱게 갈고 나머지 재료를 넣어 잘 섞어 소스를 만든다.
3. 1의 소고기에 참깨소스 3~5큰술을 넣고 버무린 후 냉장고에 차게 둔다.
4. 민들레순, 참취잎, 세발나물은 잘 씻어 먹기 좋은 크기로 뜯고, 양파는 가늘게 채 썬다.
5. 접시에 채소를 보기 좋게 담고 소스에 버무려 차게 둔 소고기를 얹은 후 남은 참깨소스를 뿌려낸다.

▽ 민들레순, 세발나물

뼈건강 맞춤 음식

산수유소스 연두부 샐러드

🧺 재료

연두부 250g

홑잎나물 20g

세발나물 20g

어린잎 채소 30g

산수유소스

산수유 2큰술

올리브유 1+1/2큰술

식초 1큰술

올리고당 1큰술

소금 약간

후추 약간

🍲 만드는 법

1. 끓는 물에 소금을 약간 넣고 연두부를 데친 후 물기를 뺀다.
2. 채소는 잘 씻어 물기를 제거한 후 한입 크기로 뜯어 놓는다.
3. 물에 불린 산수유는 곱게 다지고 나머지 소스 재료와 혼합한다.
4. 그릇에 소스의 1/2을 버무린 채소를 올리고 두부를 얹은 후 나머지 소스를 위에 뿌려 완성한다.

* 산수유의 과육에 있는 탄닌 성분이 신장 속 노폐물을 걸러주는 기능을 강화하며, 로가닌 성분은 체내 지방 합성을 억제하고 여성호르몬을 증가시키는 역할을 한다. 또한 유기산이 많이 함유되어 있고 비타민 A도 다량 포함하고 있다.

모링가소스 적겨자잎 샐러드

🥛 재료

적겨자잎 100g

치커리 30g

방울토마토 5개

감자칩 20g

모링가 요거트소스

모링가 가루 1작은술

플레인 요거트 6큰술

꿀 2작은술

레몬즙 1큰술

소금 약간

🍲 만드는 법

1. 적겨자잎과 치커리는 씻어 물기를 제거하고 먹기 좋은 크기로 뜯어 놓는다.
2. 분량의 재료를 잘 섞어 소스를 만든다.
3. 채소를 접시에 담고 방울토마토, 감자칩을 얹어 장식한 후 소스를 곁들여 낸다.

TIP

• 쓴맛이 약간 있는 채소를 주된 재료로 하고 감자칩을 넣어 주어 바삭한 맛을 살린 샐러드이다.

뽕잎 소고기볶음

🧺 재료

소고기 200g

건조 뽕잎 25g

대파 1뿌리

청고추 1/2개

홍고추 1/2개

마늘 3쪽

참기름 약간

밑간 양념

간장 1큰술

청주 1큰술

전분 1작은술

볶음 양념

굴소스 1큰술

청주 1큰술

약초물 4큰술

올리고당 2작은술,

전분물 1큰술

(전분 1 : 물 3의 비율로 섞은 것)

🍲 만드는 법

1. 소고기는 얇게 나박하게 저며 밑간 양념에 재워둔다.
2. 물에 불린 뽕잎을 끓는 소금물에 삶아 물기를 제거하고 적당한 크기로 썬다.
3. 파는 흰 부분만 3cm 길이로 썰어 반으로 가르고, 마늘은 편으로 썬다. 고추는 어슷하게 썬다.
4. 팬에 식용유를 두르고 3을 넣어 향을 낸 후 양념을 넣고 끓어오르면 소고기를 볶는다.
5. 소고기가 거의 익으면 뽕잎을 넣고 센 불에서 볶는다.
6. 5에 전분물을 넣어 살짝 섞은 후 참기름을 넣어 완성한다.

TIP

• 뽕잎이 나오는 계절에 생 뽕잎을 사용하면 불리는 과정 없이 조리할 수 있다.

뼈건강
맞춤
음식

고구마 줄기 보리밥 달걀찜

🥛 재료

보리밥 1/2컵

고구마 줄기 50g

달걀 3개

국간장 2작은술

새우젓 1/2큰술

쪽파 약간

참기름 2큰술

소금 약간

물 1/2컵

🍲 만드는 법

1. 고구마 줄기는 껍질을 제거하고 끓는 소금물에서 삶아 송송 썬다.
2. 보리밥과 고구마 줄기에 소금과 참기름을 넣고 섞는다.
3. 달걀에 물을 넣어 체에 거른 후 2와 함께 뚝배기에 섞어 담아 국간장과 새우젓으로 간을 해서 찐다.
4. 송송 썬 쪽파를 얹어 완성한다.

TIP 🍴

• 기호에 따라 보리밥의 비율을 조절할 수 있으며, 보리밥의 양을 늘려 일품요리 주식으로 활용해도 좋다.

뼈건강
맞춤
음식

고구마 줄기 두부채조림

재료

두부 200g

고구마 줄기 100g

하수오 가루 2큰술

홍고추 1개

참깨 약간

식용유 약간

조림 양념

갈근 약초물 1/2컵

간장 2큰술

청주 1큰술

올리고당 1큰술

다진 마늘 1작은술

만드는 법

1. 두부는 1×1×5cm 크기로 썰어 하수오 가루를 묻힌 후 식용유를 두른 팬에 노릇하게 지진다.
2. 고구마 줄기는 껍질을 벗겨 끓는 물에 데친 후 5cm 길이로 썬다.
3. 냄비에 1과 2를 가지런히 담고 조림 양념을 넣어 조린다.
4. 어슷하게 썬 홍고추와 참깨를 뿌려 완성한다.

취나물 명란밥 군만두

재료

취나물 100g
명란 150g
밥 1컵
만두피 10장
식용유 적량

볶음양념

다진 파 1큰술
다진 마늘 1/2큰술
소금 약간
들기름 1작은술

만드는 법

1. 취나물은 끓는 소금물에 데쳐 물기를 짜고 식용유를 두른 팬에서 볶음용 양념을 넣으면서 볶는다.
2. 명란은 껍질을 갈라 도마 위에서 칼등으로 긁어내어 알만 발라 놓는다.
3. 밥에 1과 2를 섞어 취나물 명란밥을 만든다.
4. 만두피에 식힌 취나물 명란밥을 소로 가득 넣으면서 만두를 빚는다.
5. 달군 팬에 식용유를 두르고 만두를 올려 노릇하게 구워 완성한다.

▽ 명란 손질법

 TIP

• 소가 다 익은 재료이므로 만두피만 잘 익히면 된다.

잠두콩부침

재료

잠두콩 100g

쌀가루 60g

다진 돼지고기 50g

풋고추 2개

대파 1대

식용유 적량

돼지고기 양념

간장 1/2큰술

설탕 1작은술

생강즙 1/3작은술

다진 파 1작은술

다진 마늘 1/2작은술

참기름 1작은술, 후춧가루 약간

양념장

간장 1큰술, 설탕 1작은술

고춧가루 1작은술

다진 파 2작은술,

깨소금 1작은술

참기름 1작은술, 물 1큰술

만드는 법

1. 잠두콩은 씻어서 물에 충분히 불린 후 블렌더에 간다.
2. 돼지고기는 양념하고, 풋고추와 대파는 송송 썬다.
3. 갈아놓은 잠두콩에 쌀가루를 섞어 되직하게 반죽하고 2를 넣어 잘 섞는다.
4. 식용유를 두른 팬에 4~5cm 직경이 되도록 반죽을 놓고 앞뒤로 노릇하게 지진다.
5. 분량의 재료를 섞은 양념장을 곁들여 낸다.

무화과 동그랑땡

◁ 백복령

재료

다진 소고기 300g

건무화과 80g

부추 20g

복령 가루 1큰술

밀가루 1큰술

달걀 2개

식용유 적량

양념

청주 1큰술

다진 마늘 1/2큰술

소금 약간

후춧가루 약간

만드는 법

1. 무화과는 물에 불린 후 곱게 다진다.
2. 다진 소고기, 곱게 다진 무화과, 송송 썬 부추에 양념을 넣어 치대준다.
3. 2의 반죽을 30g 정도씩 떼서 둥글게 빚는다.
4. 복령 가루와 밀가루를 혼합한 가루를 묻히고 달걀물에 담가서 식용유를 두른 팬에 지져 완성한다.

* 백복령은 이뇨작용과 혈당량을 낮추는 작용, 진정작용 등을 하는 것으로 밝혀졌으며 면역 부활작용을 하는 것으로도 알려져 있다.

구기자 호두소스 등갈비구이

재료

돼지 등갈비 500g

꿀 4큰술

양념

구기자 1큰술

호두 3큰술

올리브오일 4큰술

꿀 4큰술

바질 가루 1작은술

소금 2작은술

후춧가루 약간

만드는 법

1. 돼지 등갈비는 한 대씩 나누어 기름을 제거하고 찬물에 담가 핏물을 뺀다.
2. 구기자는 물에 불린 후 다지고 호두는 굵게 다져 나머지 재료와 섞어서 양념을 만든다.
3. 돼지 등갈비에 양념을 잘 버무려 준다.
4. 200℃로 예열한 오븐에서 20분 정도 구운 후 꺼내 꿀을 발라 완성한다.

TIP

• 완성 후 꿀을 바르면 표면의 건조를 막을 수 있다.

아로니아소스 치킨사테이

재료
닭가슴살 800g(약 8조각)

닭가슴살 양념
간장 2큰술
꿀 1큰술
카레 가루 1작은술
다진 마늘 1작은술
식용유 약간
후춧가루 약간

아로니아소스
간장 1큰술
올리브오일 1큰술
아로니아 가루 2작은술
올리고당 2큰술
다진 마늘 1작은술
후춧가루 약간

만드는 법
1. 닭가슴살은 세로로 이등분한 것을 반으로 가른 후 양념에 20분간 재운다.
2. 꼬치에 양념한 닭가슴살을 넓적하게 끼운다.
3. 꼬치에 끼운 닭을 식용유를 두른 팬에서 중불로 노릇하게 지져 익힌다.
4. 소스는 분량의 재료를 모두 냄비에 넣고 걸쭉해질 때까지 조린다.
5. 접시에 구워낸 치킨사테이를 올리고 아로니아소스를 곁들여 낸다.

▽사테이

* 사테이는 한 입 크기로 썬 고기를 나무 꼬치에 꿰어 구워 먹는 인도네시아의 전통 꼬치 요리이다.

오트밀 바나나구이

재료

바나나(단단한 것) 2개

버터 4큰술

레몬즙 1큰술

황설탕 4큰술

오트밀 1/2컵

생크림 150ml

계핏가루 3/4작은술

만드는 법

1. 바나나는 껍질을 벗겨 세로로 이등분한다.
2. 녹인 버터, 레몬즙, 황설탕, 오트밀을 잘 섞는다.
3. 바나나 위에 2를 얹어 190℃로 예열시킨 오븐에서 20분 정도 굽는다.
4. 생크림을 거품 낸 후 계핏가루를 섞는다.
5. 구워낸 오트밀 바나나와 휘핑크림을 곁들여 낸다.

오란다 베리강정

🥛 재료

건크랜베리 50g

건블루베리 50g

건라즈베리 50g

오란다 150g

시럽

조청 100g

설탕 50g

버터 20g

🍲 만드는 법

1. 시럽은 재료가 완전히 녹을 때까지 젓지 않고 중불에서 끓인다.
2. 시럽에 보글보글 기포가 생기면 베리류와 오란다를 넣어 준다.
3. 끈끈한 실이 보이면서 시럽이 전부 졸아들 때까지 섞어 준다.
4. 일정 용기에 붓고 밀대로 누르면서 빈틈이 생기지 않도록 모양을 만든다.
5. 식힌 후에 먹기 좋은 크기로 잘라 완성한다.

* 오란다는 일본 개항 시 나가사키에서 네덜란드 상인을 부르던 오란다상이라는 단어에서 유래하였다. 작은 동그란 알갱이를 엿이나 설탕물로 묻혀 굳혀 먹었던 네덜란드 과자가 일본에서 변형되었고 이것이 한국으로 전파되었다.

PART

04

당뇨병

건강혈당 유지 음식 20가지

당뇨병 핵심 포인트

● **당뇨병 인구 현황 : 나는 어디에 있는가**

대한당뇨학회 자료(2020)에 따르면 30세 이상 성인 7명 중 1명(13.8%)이 당뇨병을 가지고 있다. 특히 65세 이상 성인에서는 약 10명 중 3명(27.6%)이 당뇨병으로 494만명을 차지하고 있으며, 공복혈당만을 진단에 사용할 경우 30세 이상에서 당뇨병 유병률은 12.4%이다. 중요한 것은 30세 이상 당뇨병 환자 중 인지율은 65%에 불과하고 치료율 역시 65.1%에 그치고 있어 고혈당을 인지하지 못한 채 치료시기를 놓치는 경우가 상당 수라 당뇨병에 대한 적극적인 교육과 개인별 대책이 중요해지고 있다.

당뇨병 유병률 (2018))

출처 : 대한당뇨병학회

● 당뇨병 타입과 증상

당뇨병은 췌장에서 인슐린 분비 여부에 따라 제1형, 제2형으로 분류한다. 즉, 췌장의 베타세포가 파괴되어 인슐린이 분비되지 않는 경우를 제1형 당뇨병이라고 하고, 인슐린 분비는 되지만 제 기능을 못하는 경우를 제2형 당뇨병이라고 한다. 제1형 당뇨병은 주로 유년기나 사춘기에 발생하고, 제2형 당뇨병은 유전적 성향이 강해서 가족력을 가지고 있다. 부모가 모두 당뇨병일 경우 자녀는 30% 당뇨 발생 가능성이 있고 부모 중 한 사람만 당뇨인 경우는 15% 정도다. 따라서 가족력이 있는 경우 젊어서부터 생활 습관, 특히 식사 습관을 관리하는 것이 중요하다.

혈당이 높아지면 소변으로 당이 빠져나가게 되는데 신장에서 포도당은 다량의 물을 끌고 나가므로 소변을 많이 보게 된다. 몸 안의 수분이 부족하게 되므로 갈증이 오고 따라서 물을 많이 마시게 된다. 또한 인슐린 작용을 하지 못해 에너지로 이용되지 못해 공복감을 쉽게 느껴 음식 섭취가 많아질 수도 있다. 이외에도 체력이 저하되고 피로와 무기력감을 느끼게 되며 여성의 경우에는 질염이나 방광염, 전신 가려움증 등이 나타나기도 한다.

● 공복혈당장애와 내당능장애

혈액 속의 포도당이 일정 수준 이상이면 인슐린 작용에 의해 간에 글리코겐으로 저장되었다가 혈당이 떨어지면 간에 저장되었던 글리코겐이 포도당으로 전환되어 늘 일정한 혈당을 유지하게 된다. 이때 밤에 금식 상태에서 혈당이 떨어지게 되면 간에서 당을 과하게 많이 만들어 내는 경우를 공복혈당장애라고 하며, 이것은 인슐린 분비가 부족하거나 간이 포도당 대사 조절을 잘 하지 못한 결과다.

내당능장애란 정상과 당뇨병의 중간단계로서 식후 혈당이 140~199mg/dL인 경우나 당화혈색소가 5.7~6.4% 범위를 말하며 이 상태는 포도당에 내성이 생겨 인슐린이 제 기능을 하지 못하는 상태이다. 이것은 인슐린저항성이 있거나 인슐린을 분비하는 췌장세포 기능이 저하되어 있다는 의미다.

● 당뇨병 치료의 출발인 자가혈당측정

당뇨병 관리는 본인의 혈당이 목표대로 잘 조절되고 있는지를 파악하는 것에서부터 시작된다. 즉, 본인이 실천하고 있는 식사요법, 운동요법, 약물요법에 따른 혈당조절에 대한 효과를 이해하여 고혈당과 저혈당에 대한 적절한 대처를 신속하게 할 수 있게 한다. 또한 혈당을 목표 내로 유지하여 합병증 발생을 지연시키며 자신만의 혈당조절 패턴을 숙지하여 혈당을 높이지 않는 생활 습관을 만드는데 중요한 도구가 된다.

자가혈당 측정은 기본적으로는 식사 전후와 취침 전, 그리고 운동 전후와 저혈당을 느끼는 시기에 하는 것으로 되어 있다. 특히 식후 혈당은 식사 첫 숟가락을 뜬 순간부터 2시간째 혈당을 측정하는 것으로 자신의 식사요법과 운동요법이 자신에게 맞고 효과가 있는지를 파악할 수 있다. 최근에는 연속 혈당을 측정하는 기기가 나와서 팔에 혈당 체크 센서를 부착하고 스마트폰 앱으로 혈당 측정 기록을 수시로 체크할 수가 있게 되어 이제는 자신만의 식사법과 운동에 대한 생활 습관을 알고 실천할 수 있게 되었다.

혈당조절 목표는 다음 표와 같다.

구분	정상 수치	목표 수치
공복 혈당	100mg/dl 미만	80~130mg/dl
식후 2시간 혈당	140mg/dl 미만	180mg/dl 미만
잠자기 전 혈당	120mg/dl 미만	100~140mg/dl
당화혈색소(%)	5.7% 미만	6.5% 미만

● **증가하고 있는 시니어(노인) 당뇨병 식사요법**

고령화로 노인 당뇨병 환자 수는 약 30%에 이르고 있으며 노화에 따라 후각이 변하고 침 분비가 감소되며 치아가 부실하고 소화 기능까지 완전하지 못해서 노인 당뇨에서는 식사요법이 더욱 중요하다.

식욕부진으로 식사가 불규칙해지면서 식사를 거르거나 대신 빵이나 떡 등 혈당을 올리는 음식을 섭취해서 고혈당과 저혈당이 반복되는 상황이 계속되어 혈당조절이 어렵게 될 수 있다. 따라서 노인 당뇨에서는 소화가 잘 되는 조리법으로 하루 3회, 일정량의 식사를 규칙적으로 하는 것을 원칙으로 하고 근육량의 감소와 노쇠를 예방하기 위하여 매일 적절한 단백질 섭취를 하는 것을 지켜야 한다.

당뇨병 푸드테라피

식품(음식)과 당뇨병을 연결하여 볼 때 의미를 두어야 하는 점은 혈당지수(Glycemic Index)이다.

혈당지수는 포도당 섭취 후 혈당 상승을 100으로 표준화하고 특정 식품 섭취 후 혈당 상승 정도를 100과 비교하여 표현하는 값으로 GI 55 이하의 저혈당지수 식품이 당뇨병 예방에 좋은 식품이다.

당뇨 유전적 요인이 있는 사람이 섬유소 함량이 낮은 정제탄수화물 식이를 하는 경우 당뇨병이 유발될 수 있는 것으로 알려져 있다. 즉 섬유소가 풍부하고 복합탄수화물이 풍부한 식이는 당뇨병을 예방할 수 있다. 특히 콩류, 밀기울, 견과, 차전자 껍질 등의 채소에 많이 들어 있는 헤미셀룰로오스, 펙틴, 검 등의 수용성 식이 섬유질은 탄수화물의 소화와 흡수를 느리게 하여 혈당이 급속히 상승하지 못하게 하고 인슐린이 과다하게 분비되지 못하도록 하므로 혈당조절에 특히 효과가 있다.

또한 니아신은 체내 포도당을 대사하는 능력에 중요한 영양소이고, 미량 무기질인 크롬은 인슐린 활성의 보조인자로 작용하는 것으로 알려져 있는 영양소이다.

당뇨병과 관련된 영양성분이라고 할 수 있는 식이 섬유소의 충분 섭취량은 20~25g이며, 니아신의 권장 섭취량은 14~16mg, 크롬의 충분 섭취량은 25~35㎍(2015 KDRIs)이다.

이와 같은 점을 고려하여 각 식품군별 GI 55 이하인 식품, 수용성 식이 섬유소와 니아신, 크롬이 풍부한 식품을 선정하였다.

■ Low GI (GI 55 이하) 식품

- 해조류 : 톳(19)

- 버섯류 : 목이버섯(26), 만가닥버섯(27), 새송이버섯(28), 표고버섯(28), 팽이버섯(29)

- 두류 : 강낭콩(26), 렌틸콩(29), 잠두콩(40), 팥(45)

- 채소류 : 시금치(15), 여주(24), 브로콜리(25), 죽순(26), 오크라(28), 토마토(30), 양파(30), 우엉(45), 마늘(49)

- 과일류 : 레몬(27), 블루베리(34), 사과(36)

- 곡류 : 율무(49), 보리(50), 발아현미(54), 오트밀(55)

- 육류 : 닭가슴살(45), 돼지고기(45), 달걀(30)

■ 식품군별 식이 섬유소가 풍부한 식품

과일류(사과, 오렌지, 바나나, 키위), 해조류(미역, 다시마), 곡류(귀리, 보리-베타글루칸, 쌀겨), 버섯류(팽이버섯-베타글루칸), 견과류(아몬드), 아티초크-이눌린, 콩류(병아리콩)

- 강낭콩 2.0 (두류 평균 : 1.73g),

- 표고버섯 2.1 (버섯류 평균 : 1.12g),

- 보리 2.5, 찰현미 2.1 (곡류 평균 : 0.96g),

- 양파 1.8, 오크라 1.4, 삼채 1.3, 방울토마토 0.9 (채소류 평균 : 0.92g)

- 돼지감자 0.5 (감자류 평균 : 0.58g)

■ 식품군별 니아신이 풍부한 식품

어패류(참치), 육류(닭가슴살, 칠면조, 돼지고기, 소고기), 곡류(현미, 기장,), 땅콩, 완두콩, 효모, 녹황색 채소, 아보카도, 고구마 등

- 닭가슴살 10.8, 돼지고기 6.62 (육류 평균 : 3.93mg)

- 잠두콩 2.8, 강낭콩 1.9 (두류 평균 : 1.95mg)

- 귀리 2.2 (곡류 평균 : 1.86mg)

- 톳 1.9 (해조류 평균 : 1.06mg)

- 홍고추 2.5, 여주 1.06, 시금치 0.97, 당근 0.89, 애호박 0.8, 당귀잎 0.7 (채소류 평균 : 0.68mg)

- 감자 0.9 (감자류 평균 : 0.56mg)

- 참외 0.7, 오미자 0.6, 대추 0.4 (과일류 평균 : 0.42mg)

■ **식품군별 크롬이 풍부한 식품**

• 육류와 내장육, 곡류(귀리, 쌀, 밀, 옥수수, 호밀)

또한 여러 연구에 따라 당뇨병에 효과적인 기능성 성분이 있는 것으로 알려져 있는 여주, 히카마, 오크라, 돼지감자, 우엉 등을 식품재료로 이용하였으며 천연당 소재로 감, 용안육, 감초 등을 사용하면 좋다. 양파는 열처리를 하면 단맛이 증가하므로 단순당의 섭취를 제한해주어야 하는 경우 간장에 양파와 당뇨에 좋은 한약재를 넣고 다려준 단맛 나는 약간장을 만들어 사용하는 것도 좋다.

당뇨병에 도움이 되는 약차

● 여주차

여주에는 카란틴이란 성분이 함유되어 천연 인슐린 기능을 하므로 혈당이 높아지는 것을 예방하고 갈증 해소에도 도움이 된다. 또한 시트룰린이나 펙틴 등이 들어있어 함께 먹는 식품의 혈당지수에도 영향을 줌으로써 혈당이 천천히 오르게 한다.

● 바나바잎차

바나바잎 속에 함유되어 있는 코로솔산은 혈당이 세포 속으로 잘 들어가게 함으로써 혈당을 개선하는 천연 인슐린의 역할을 하고 항염증 작용도 있다. 또한 바나바잎에는 엘라그산이 들어있어 세포 산화를 막고 혈관을 강화하는 기능도 한다.

● 돼지감자차

뚱단지라고도 알려진 돼지감자에는 이눌린, 루테인, 베타인 등이 함유되어 있는데 특히 이눌린은 췌장의 인슐린 분비를 촉진하여 혈당을 개선하게 하고 루테인은 당뇨인의 망막증을 예방하는 데도 도움이 된다. 일반 감자보다 훨씬 많이 들어 있는 식이섬유도 역시 혈당지수를 낮추는 효과가 있다.

건강 혈당 유지 음식

당뇨병의 경우 주메뉴인 밥을 건강하게 먹는 것이 건강한 식생활을 위해서 무엇보다 중요한 부분이므로 당뇨에 좋은 재료를 활용하여 건강한 밥 요리 8품을 개발하였고, 밥을 일품요리로 활용할 수 있도록 양념장을 곁들여 주었으며, 원디쉬요리, 죽, 수프, 후식 등의 메뉴를 개발하여 소개하였다.

삼채 감자옹심이

📐 재료

감자 600g

삼채 30g

약초물 5컵

국간장 1/2큰술

소금 약간

🍲 만드는 법

1. 감자는 껍질을 벗겨 강판에 갈아 면보에 싸서 물기를 꼭 짠다.
2. 감자 짜낸 물을 잠시 그대로 정치시킨 후 윗물은 버린다.
3. 2에서 남은 전분에 1의 감자를 섞어 3cm 정도로 둥글게 감자옹심이를 빚는다.
4. 삼채는 잘 씻어 2~3cm 길이로 썬다.
5. 냄비에 약초물을 붓고 끓이다가, 감자옹심이를 넣은 후 떠오르면 삼채를 넣고 다시 한 번 끓인다.
6. 국간장과 소금으로 간하여 완성한다.

히카마 모둠 버섯밥

재료

쌀 2컵

히카마 60g

새송이버섯 50g

느타리버섯 50g

건표고버섯 3개

건목이버섯 10g

약초물 2컵

만드는 법

1. 새송이버섯은 채 썰고 느타리버섯은 찢는다.
2. 건표고버섯과 건목이버섯은 불려서 채 썬다.
3. 팬에 식용유를 두르고 1, 2의 버섯을 볶는다.
4. 히카마는 껍질을 벗긴 후 나박 썬다.
5. 냄비에 불린 쌀과 나머지 재료를 섞고 약초물을 부어 밥을 짓는다.

▽ 히카마 껍질 벗기기

* '멕시코 감자'라고 불리는 히카마는 이눌린 함량이 높아 급격한 혈당 상승을 막아주며 식이섬유도 많은 편이다.

홍화 율무 팥밥

재료

쌀 1컵

찹쌀 2큰술

율무 5큰술

팥 1큰술

홍화꽃 2g

물 2컵

소금 약간

만드는 법

1. 쌀과 찹쌀은 씻어 불린다.
2. 율무와 팥은 씻어서 삶은 후 건져 놓는다.
3. 끓인 물 2컵에 홍화꽃 2g을 넣어 붉게 우려낸 후 걸러서 홍화꽃물을 만든다.
4. 냄비에 1, 2, 3을 넣은 후 소금을 약간 넣고 밥을 짓는다.

당귀 비트 유부초밥

🧺 재료

현미밥 1컵

· 현미– 쌀을 1:1로 하여
  약초물로 지은 것

당귀잎 20g

비트 30g

표고버섯 20g

유부 8개

식초 1작은술

소금 약간

후춧가루 약간

🍲 만드는 법

1. 당귀잎은 잘 씻어 잘게 다져 놓고 비트, 표고버섯은 곱게 다져 식용유 두른 팬에서 소금으로 간하여 볶는다.

2. 유부는 끓는 물에 데쳐 기름기를 제거한다.

3. 현미밥에 1을 넣고 식초와 소금으로 간하며 섞는다.

4. 유부에 밥을 채워 넣어 완성한다.

당뇨
맞춤
음식

돼지감자 히카마 보리밥

🥛 재료

쌀 1/2컵

보리 1/2컵

찹쌀 2큰술

돼지감자 70g

히카마 70g

용안육 10g

약초물 1컵

🍲 만드는 법

1. 쌀, 보리, 찹쌀은 씻어 물에 불렸다가 체에 밭쳐 놓는다.

2. 돼지감자와 히카마는 씻어 껍질을 벗긴 후 먹기 좋은 크기로 썬다.

3. 1과 2, 용안육을 섞고 약초물을 부어 밥을 지어 완성한다.

TIP

• 쌀과 보리를 1:1 비율로 하여 밥을 지을 때는 찹쌀을 조금 넣어주면 적절히 찰기가 있는 밥이 된다.

* 돼지감자는 이눌린(일반 감자의 75배 정도)과 식이섬유가 풍부하여 혈당조절에 좋다.

구운 한입 비빔밥

![재료] **재료**

쌀 1/2컵

보리 1/2컵

약초물 1컵

시금치 70g

당근 30g

새송이버섯 1/2개

참깨 약간

참기름 1큰술

소금 약간

식용유 약간

![만드는 법] **만드는 법**

1. 쌀과 보리를 섞어 약초물로 보리밥을 짓는다.
   (보리는 미리 불려 놓으면 좋다).
2. 시금치는 끓는 물에 데쳐 물기를 짜고 잘게 다진다.
3. 당근, 새송이버섯은 곱게 다져 팬에 식용유를 두르고 볶는다.
4. 식힌 보리밥에 2와 3을 넣고 참기름과 소금, 참깨를 넣어 섞은 후 한입 크기로 동글납작하게 빚는다.
5. 팬에 식용유를 두르고 노릇하게 구워 완성한다.

TIP

• 찹쌀을 2큰술 정도 섞어 밥을 지으면 찰기가 생겨 밥을 구울 때 모양을 유지하기 좋다.

토마토 브로콜리 현미밥

재료

현미 1/2컵

쌀 1/2컵

방울토마토 9개

브로콜리 50g

올리브유 1큰술

소금 1/2작은술

약초물 1 1/2컵

만드는 법

1. 현미와 쌀은 물에 불려 놓는다.
2. 꼭지를 딴 방울토마토는 십자 모양으로 칼집을 내고, 브로콜리는 방울토마토 크기 정도로 썬다.
3. 1을 넣고 약초물로 밥물을 맞춘다.
4. 3에 2와 올리브유, 소금을 넣고 밥을 지어 완성한다.

톳 우엉김밥

🫙 재료

톳 100g

우엉 200g

달걀 3개

현미밥 2컵

· 현미– 쌀을 1:1로 하여
  약초물로 지은 것

김 4장

식초 적량

소금 약간

참기름 약간

참깨 약간

조림장

간장 2큰술

매실청 2큰술

약초물 4큰술

참기름 2작은술

참깨 1작은술

🍲 만드는 법

1. 톳을 깨끗이 씻어 소금을 넣은 끓는 물에 살짝 데친 후 잘게 썬다.
2. 우엉은 가늘게 채 썰어 식초를 넣은 물에 잠시 담갔갔다가 찬물에 헹군다.
3. 팬에 1, 2와 조림장을 넣고 조린다.
4. 달걀은 소금을 넣고 풀어서 지단을 부친 뒤 곱게 채 썬다.
5. 현미밥에 소금, 참기름, 참깨를 넣어 섞는다.
6. 김에 밥을 펼쳐 톳, 달걀, 우엉조림, 달걀지단을 얹고 말아 완성한다.

우엉 히카마 오곡밥

재료

우엉 70g

히카마 70g

찰현미 1컵

보리+율무+귀리+팥 1컵

(기호에 따라 비율은 정할 것)

약초물 2 1/2컵

만드는 법

1. 팥은 삶아 첫물은 버리고 다시 물을 부어 삶는다.
2. 찰현미, 보리, 귀리, 율무는 충분히 물에 불린다.
3. 히카마와 우엉은 3cm 정도로 길지 않게 채 썬다.
4. 오곡과 우엉, 히카마를 섞고 약초물을 넣어 밥을 짓는다.

TIP

• 찰현미와 나머지 곡류를 총 합한 비율이 1:1 정도면 좋다.

당뇨
맞춤
음식

오트밀 타락죽

재료

쌀 1/2컵

오트밀 1/2컵

물 2컵

우유 3컵

잣 약간

소금 약간

만드는 법

1. 블렌더에 불린 쌀, 오트밀을 넣고 물을 조금씩 넣어 주면서 곱게 간다.
2. 냄비에 1과 남은 물을 부어 나무 주걱으로 저으며 끓인다.
3. 죽이 퍼지면 우유를 조금씩 넣으면서 더 끓인다.
4. 소금으로 간을 하고, 잣을 올려 완성한다.

* 타락은 우유를 가리키는 옛말로 타락죽은 쌀을 갈아서 물과 우유를 넣어 끓인 죽이다.

당뇨
맞춤
음식

대추 문어 죽

재료

건조 문어 150g

찹쌀 1컵

대추 5개

약초물 6컵

다진 마늘 1작은술

참기름 1작은술

소금 1작은술

만드는 법

1. 약초물에 건조 문어와 대추를 넣고 푹 삶은 후 문어는 건져 굵게 다진다.
2. 냄비에 참기름을 두르고 불린 찹쌀을 볶다가 쌀이 투명해지면 문어 삶은 물을 넣고 푹 끓인다.
3. 1의 문어와 대추를 넣고 더 끓이다가 쌀알이 퍼지면 다진 마늘과 소금으로 간하여 완성한다.

TIP

• 건조 문어 대신 생문어를 사용해도 좋다.

콩콩콩 수프

재료

렌틸콩 30g

흰강낭콩 30g

잠두콩 30g

버터 1큰술

밀가루 1큰술

우유 2컵

생크림 1/2컵

소금 약간

후춧가루 약간

만드는 법

1. 콩류는 충분히 불린 후 푹 삶아 콩이 잘 갈릴 수 있을 정도의 물을 붓고 블렌더에 간다.
2. 냄비에 버터를 녹인 후 밀가루를 넣어 볶다가 우유를 조금씩 붓고 콩 간 것을 넣어 잘 저으면서 약불에 끓인다.
3. 소금과 후춧가루로 간하여 완성한다.

제육 오크라볶음

재료

돼지고기 200g

· 양념 : 간장 2큰술

　　　매실액 1큰술

　　　생강즙 1큰술

　　　다진 마늘 1/2큰술

　　　후춧가루 약간

오크라 100g

히카마 50g

홍고추 15g

참기름 1작은술

참깨 약간

만드는 법

1. 돼지고기는 나박하게 한입 크기로 썰어 양념에 버무린다.
2. 오크라와 홍고추는 어슷하게 썰고, 히카마는 나박하게 썬다.
3. 팬에 식용유를 두르고 양념한 돼지고기를 볶다가 2를 넣어 볶는다.
4. 참기름과 참깨를 뿌려 완성한다.

＊ 오크라는 아열대 채소로 자양강장에 도움이 되며 비타민 C가 풍부하여 피로회복에 좋다.

당뇨 맞춤
음식

여주 달걀찜

재료

달걀 4개
여주 30g
약초물 2컵
소금 1/2작은술
후춧가루 약간

만드는 법

1. 달걀은 잘 풀어서 소금, 후춧가루로 간하고 약초물을 넣어 섞은 뒤 체에 내려 부드럽게 한다.
2. 여주는 1cm 두께로 썰어 찬물에 담갔다가 체에 밭쳐 물기를 제거한 후 잘게 다져 1에 넣어 섞는다.
3. 뚝배기에 2를 붓고 찜통에서 20~25분 정도 쪄서 완성한다.

* 여주는 식물 인슐린인 p-인슐린(펩티드 인슐린)이 있어 혈당 수치를 안정화시키는 효능이 있고 비타민 C가 많이 들어있어(100g당 120mg) 피로 회복에도 좋다.

곤약 애호박 잡채

재료

곤약 200g

· 양념 : 간장 1큰술

　　　　설탕 1/2큰술

　　　　물 2큰술

애호박 1/2개

양파 1/2개

당근 1/3개

건표고버섯 3개

간장 1작은술

참기름 1작은술

참깨 약간

식용유 약간

만드는 법

1. 곤약은 0.5cm 두께로 채 썬 후 끓는 물에 데치고 찬물
에 헹궈 양념을 넣고 조린다.

2. 애호박은 4cm 길이로 채 썰고, 양파, 당근, 불린 표고
버섯도 곱게 채 썬다.

3. 팬에 식용유를 두르고 2를 각각 볶는다.

4. 곤약과 볶은 채소를 합하여 간장으로 간하고 참기름과
참깨를 뿌려 완성한다.

여주 셀러리 장아찌

재료

여주 100g
셀러리 50g

절임 양념
간장 1/2컵
설탕 1+1/2큰술
식초 1+1/2큰술
약초물 1/4컵

만드는 법

1. 여주는 잘 씻은 후 반으로 갈라 씨를 제거하고 0.2cm 정도 얇게 썰어 찬물에 담가 쓴맛을 제거한다.
2. 셀러리는 섬유질을 제거하고 어슷하게 썬다.
3. 절임 양념을 혼합하여 끓인다.
4. 소독한 유리병에 여주와 절임 양념을 담아 상온에서 하루 정도 숙성시킨 후 냉장고에 넣는다.

TIP

• 3~4일 정도 지난 후 절임 양념물만 따라내어 끓인 후 식혀서 다시 부으면 오래 두고 먹을 수 있다.

건도토리묵 볶음

🥛 재료

건도토리묵 50g

느타리버섯 50g

죽순 40g

청파프리카 20g

참깨 약간

식용유 약간

양념장

간장 2작은술

다진 마늘 1작은술

참기름 1작은술

깨소금 약간

후춧가루 약간

🍲 만드는 법

1. 건도토리묵은 미지근한 물에서 불려서 체에 밭쳐 놓는다.
2. 느타리버섯은 세로로 찢고 죽순은 채 썰어 끓는 물에 데쳐 물기를 빼고, 파프리카는 채 썬다.
3. 양념장 재료를 혼합하여 1의 묵을 재워둔다.
4. 식용유를 두른 팬에 3의 묵을 볶다가 2를 넣고 볶은 후 참깨를 뿌려 완성한다

TIP 🍴

• 가정용 건조기를 이용해서 도토리묵을 원하는 만큼만 건조하면 불릴 필요가 없다.

닭가슴살 우엉말이

🥛 재료

닭가슴살 200g

우엉 200g

용안육 30g

소금 약간

후춧가루 약간

식용유 약간

조림장

간장 1큰술

매실액 1큰술

다진 마늘 1/2큰술

청주 1큰술

참기름 1/2큰술

약초물 4큰술

후춧가루 약간

🍳 만드는 법

1. 닭가슴살은 얇게 포를 떠서 소금, 후추로 밑간한다.
2. 우엉은 가늘게 채 썰어 끓는 물에 데쳐 물기를 제거하고 용안육은 데쳐둔다.
3. 닭가슴살 위에 채 썬 우엉을 얹고 돌돌 말아 꼬치로 고정시킨 후 식용유를 두른 팬에 굽는다.
4. 냄비에 용안육과 조림장 재료를 모두 넣고 끓인 후 3을 넣어 조려서 완성한다.

여주소스 버섯 두부 샐러드

재료

느타리버섯 30g

만가닥버섯 30g

양송이버섯 30g

두부 100g

어린잎 채소 20g

백봉령 가루 1작은술

소금 약간

식용유 약간

여주소스

여주즙 2큰술

매실청 1큰술

겨자 1작은술

다진 마늘 1작은술

참기름 1작은술

소금 약간

만드는 법

1. 모든 버섯은 먹기 좋은 크기로 썰거나 찢어서 팬에 식용유를 두르고 살짝 굽는다.
2. 두부는 1cm 크기의 주사위 모양으로 썰어 소금을 뿌려 물기를 제거하고 백복령 가루를 묻혀 식용유를 두른 팬에서 굽는다.
3. 여주에 물을 약간 섞어 블렌더에 갈아 만든 여주즙과 나머지 재료를 혼합하여 여주소스를 만든다.
4. 접시에 어린잎 채소와 버섯, 두부를 잘 섞어 담고 여주소스를 곁들인다.

TIP

• 여주즙은 플레인 요구르트 등을 먹을 때 섞어 먹어도 좋다.

오미자 참외 그라니따

🧃 재료

오미자청 3~4큰술

참외 2개

레몬즙 1큰술

물 1/2컵

애플민트 약간

🍲 만드는 법

1. 참외 과육과 물에 희석한 오미자청을 함께 믹서기로 갈고 레몬즙을 섞어 그릇에 담아 냉동한다.
2. 1~2시간에 한 번씩 포크로 윗면을 긁어주는 과정을 3회 정도 반복한다.
3. 부드러운 입자로 갈린 그라니따를 컵에 담고 애플민트를 얹어 완성한다.

TIP 🍴

• 오미자청의 당도에 따라 희석하는 물의 양은 조절할 수 있다.

* 그라니따는 당도 낮은 과일에 수분을 첨가해서 얼린, 거친 입자의 이탈리아 디저트이다.

PART

05

이상지질혈증

혈관 건강 지킴 음식 20가지

이상지질혈증 핵심 포인트

● **이상지질혈증 인구 현황 : 나는 어디에 있는가**

한국지질동맥경화학회 자료(2020)에 따르면 20세 이상 성인 10명 중 4명이 이상지질혈증을 가지고 있으며 성별로 구분해보면 남성은 10명 중 5명이, 여성은 10명 중 3명이 이상지질혈증을 가지고 있다고 보고되어 있다.

이상지질혈증 연령별 유병률

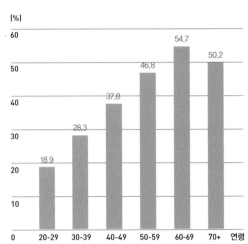

● **콜레스테롤 검사**

우리나라 건강검진에서 이상지질혈증 검사는 남성은 만 24세, 여성은 만 40세부터 4년 주기로 한다. 이상지질혈증 검사는 총콜레스테롤, 고밀도(HDL) 콜레스테롤, 저밀도(LDL) 콜레스테롤, 중성지방을 측정하는데 조기 심혈관 질환과 가족력 등 다른 위험요인이 있는 경우는 검사 연령과 횟수가 달라질 수 있다. 중성지방과 LDL콜레스테롤 수치는 식사와 관계가 있으므로 금식하고 검사하는 것이 원칙이다.

한국인의 이상지질혈증 진단 기준은 총콜레스테롤 240 이상, LDL콜레스테롤 160 이상, 중성지방 200 이상, 또는 HDL콜레스테롤 40 미만 중 한 가지 이상에 해당하는 경우다. (단위: mg/dL) 그런데 이것은 모든 사람에게 적용되는 절대적인 기준이 아니라 심혈관 발생위험 요인에 따라 치료목표인 LDL콜레스테롤 수치가 달라진다.

● 고지혈증과 이상지질혈증의 차이

지질이란 용어는 콜레스테롤과 중성지방과 인지질을 포함한 것으로 혈중 지질이 높은 것을 고지혈증이라고 한다. 일반적인 지질검사는 총콜레스테롤, LDL콜레스테롤, HDL콜레스테롤, 중성지방이 포함된다. 그런데 콜레스테롤은 두 가지 종류가 있어서 나쁜 콜레스테롤 LDL수치와 중성지방은 기준보다 낮게, 좋은 콜레스테롤 HDL수치는 기준보다 높게 유지하는 것이 좋다. 즉 이상지질혈증이란 혈중에 총콜레스테롤, LDL콜레스테롤, 중성지방이 증가한 상태이거나 HDL콜레스테롤이 감소한 상태를 말한다. (아래 그림 참조)

● 콜레스테롤 무작정 낮추면 안 되는 이유

콜레스테롤은 다음 4가지 성분의 원료로서 생명을 유지하는데 반드시 필요한 물질이므로 정상적인 생리작용에 지장을 줄 수 있어 무작정 낮춰서는 안 된다.

· 세포막 구성성분　우리 몸은 약 60조 개의 세포로 만들어져 있는데 이 하나하나 세포막을 구성하는 것이 콜레스테롤이다. 세포막은 세포가 기능을 잘 할 수 있도록 영양과 산소를 공급하고 노폐물을 회수하는 기능을 한다. 특히 뇌와 신경세포는 세포막의 연장으로 콜레스테롤을 25%나 함유하고 있어서 콜레스테롤이 부족하면 신경전달물질을 제대로 만들지 못하게 된다.

· 스테로이드호르몬의 원료　부신피질 호르몬과 성호르몬을 만들며 이것은 몸속 콜레스테롤의 약 10%가 사용된다.

· 담즙산의 원료　콜레스테롤로 만들어진 담즙산은 지방 소화에 사용되고 다시 간으로 95% 이상 재흡수된다. 그리고 나머지 5%는 십이지장으로 배출되어 변으로 배설된다.

· 비타민 D 원료　비타민 D전 대사물이 자외선을 만나면 비타민 D3가 만들어진다.

· 이상지질혈증을 예방하는 운동요법　이상지질혈증에 특별히 효과적인 운동이 따로 있는 것은 아니지만 신체 활동량을 증가시키고 중등도의 유산소 운동을 꾸준히 해야 효과가 있다. 이상의 식사요법과 운동요법은 체중감량에도 도움이 되고 흡연은 이상지질혈증이나 심혈관계 위험을 증가시키므로 반드시 금연을 해야 한다.

이상지질혈증 푸드테라피

한국지질·동맥경화학회의 이상지질혈증 치료지침(Committee for Guidelines for Management of Dyslipidemia. 2015)에 의하면 심장혈관계 질환의 발생이나 재발의 예방과 치료를 위해서는 금연, 운동 습관과 같은 생활 습관 뿐만 아니라 식사 관리가 이상지질혈증의 위험 감소 및 치료에 매우 중요하다고 강조하고 있다.

이상지질혈증과 관련된 식이에서 가장 중요한 점은 지방이 높은 음식 특히 포화지방과 콜레스테롤 함량이 높은 음식의 섭취를 낮추어 혈액 중 지질 수준에 영향을 미치는 위험요인을 감소하는 데 있다.

혈소판응집을 예방하고 혈류를 개선하는 등 몸에 유익한 역할을 하는 유형의 프로스타글란딘으로 전환되는 리놀레산 등의 불포화지방산 함량이 높은 섭취를 권장하며, 또한 식이 섬유소는 섭취한 식품의 장 통과시간을 감소시키고 유익한 장내 세균군을 증가시키며 혈청 지질 수치를 감소시키는 등 이상지질 혈증에 유익한 효과가 있는 것으로 알려져 있다. 특히 식이 섬유소는 인간이 스스로 소화 흡수하지 못하고 대장에서 장내 미생물들이 발효를 통해 아세트산(acetate), 프로피오닉산(propionate) 부틸산(butylate) 등의 짧은 사슬지방산을 만들어내는데 이 짧은 사슬 지방산은 모세혈관을 통해 혈관으로 흡수된 후 간에서 콜레스테롤 합성을 조절하여 심혈관질환 예방 효과도 있는 것으로 알려져 있다.

이상지질혈증과 관련된 영양성분이라고 할 수 있는 식이 섬유소 충분섭취량은 20~25g(2015 KDRIs)이다.

이와 같은 점을 고려하여 각 식품군별 불포화지방산, 식이 섬유소 함량이 높은 순위의 식재료를 선정하였다.

■ **식품군별 불포화지방산 함량이 높은 식품**

곡류(아마란스, 기장, 조, 수수), 어패류(고등어, 연어), 육류(오리고기), 견과류(호두, 해바라기씨, 호박씨, 아몬드, 검정깨), 두류(잠두, 강낭콩), 채소류(파프리카), 과일류(아보카도)

- 아마란스(붉은색) 3.96, 조 2.93, 기장 2.48, 수수 2.40 (곡류 평균 : 1.25g)
- 고등어 8.02, 연어 2.78 (어패류 평균 : 3.55g)
- 오리고기 11.84 (육류 평균 : 6.77g)
- 호두 62.99, 해바라기씨 47.69, 호박씨 37.84, 아몬드 43.98, 검정깨 36.15
  (견과류 평균 : 6.59g)
- 잠두 0.93, 강낭콩 0.60 (두류 평균 : 0.60g)
- 파프리카 0.19 (채소류 평균 : 0.18g)
- 아보카도 12.98 (과일류 평균 : 0.32g)

■ **식품군별 식이 섬유소 함량이 높은 식품**

해조류(매생이, 미역), 서류(곤약, 고구마, 토란), 버섯류(표고버섯), 두류(잠두, 강낭콩), 채소류(부추, 더덕, 호박, 시래기 등)

- 매생이 6.5, 미역 3.6 (해조류 평균 : 4.1g)
- 곤약 2.9, 고구마 2.8, 토란 2.8 (서류 평균 : 2.32g)
- 표고버섯 8.1 (버섯류 평균 : 4.63g)
- 잠두 25.0, 강낭콩 14.1 (두류 평균 : 14.7g)
- 더덕 8.1, 호박 5.0, 부추 4.8, 시래기 4.0 (채소류 평균 : 3.75g)

이상지질혈증에 도움이 되는 약차

● 구기자차

구기자에는 폴리페놀과 베타인, 베타카로틴, 비타민 C 등이 함유되어 있어 혈관벽에 콜레스테롤이 쌓이는 것을 억제하여 이상지질혈증을 개선하는 데 도움을 줄 수 있다. 또한 구기자의 카로티노이드 등 항산화 성분은 세포 노화를 억제하고 재생을 촉진하며 T-세포 증식에 도움을 주어 면역력을 강화한다는 연구도 있다.

● 다시마차

다시마에는 알긴산이 함유되어 있어서 장 속에서 콜레스테롤과 결합하여 변으로 배설하게 함으로써 콜레스테롤 수치 개선에 도움이 된다. 또한 다시마 속의 특정 아미노산과 칼륨은 혈관을 청정하게 하면서 나트륨을 배설하는 작용을 하여 혈중 지질을 조절하고 더 나아가 혈압 조절에도 도움을 줄 수 있다. 다시마는 찬 성질을 가지고 있어서 평소 열이 많은 체질에 좋다.

● 양파껍질차

양파에는 퀘르세틴이 함유되어 있어서 혈중 콜레스테롤과 중성지방을 감소하게 하고 혈관벽을 강화시켜 준다. 특히 퀘르세틴은 양파 속보다 겉껍질에 월등히 많이 들어있어서 껍질을 잘 씻어 차로 끓여 마시면 좋다. 그리고 양파는 따뜻하고 매운 성질을 가지고 있어서 혈액순환을 촉진하고 기의 순환도 활발하게 한다.

혈관건강 지킴 음식

식사 관리가 중요한 이상지질혈증의 경우 불포화지방산, 식이 섬유소가 풍부한 식품을 선정하였고 다양한 메뉴를 섭취할 수 있도록 하기 위하여 주식, 부식뿐만 아니라 디저트 등의 간식으로 먹을 수 있는 메뉴를 개발하여 소개하였다.

부추 수제비

재료

수제비 반죽

· 부추 20g

  밀가루 1+1/2컵

  소금 1/2작은술

  식용유 1작은술

멸치육수 5컵

감자 1/2개

애호박 1/4개

다진 마늘 1/2큰술

액젓 1/2큰술

홍고추 1개

만드는 법

1. 수제비 반죽 : 부추를 곱게 다지고 밀가루와 나머지 재료를 넣고 치대어 반죽한다.
2. 감자는 납작하게 썰고, 호박은 반달썰기하고 홍고추는 어슷하게 썬다.
3. 멸치육수에 감자와 호박을 넣고 끓이면서 수제비 반죽을 얇게 떼어 넣는다.
4. 다진 마늘과 액젓, 홍고추를 넣어 완성한다.

한방 수수 닭가슴살 죽

🥛 재료

닭가슴살 200g(약 2조각)

찰수수밥

· 찹쌀 1/2컵

수수 20g(약 2큰술)

당귀 10g

황기 5g

물 5컵

부추

소금 약간

후추 약간

🍲 만드는 법

1. 찹쌀과 수수로 밥을 짓는다.
2. 닭가슴살은 당귀, 황기와 함께 물에 넣고 삶은 후 찢어 놓는다.
3. 국물의 부유물을 걷어내고 지어 놓은 찰수수밥을 넣어 푹 끓인다.
4. 당귀와 황기는 건져내고 소금, 후추로 간한 후 송송 썬 부추를 얹어 완성한다.

TIP

· 감자를 다지거나 갈아서 함께 넣어주면 목 넘김이 더욱 좋다.

* 당귀와 황기는 피를 원활히 순환시켜주며 항염, 항암효과 및 혈압강하 작용이 있다.

시래기 고등어 죽

재료

고등어 통조림 1개

시래기 50g

밥 200g

된장 1큰술

국간장 1큰술

쪽파 3뿌리

참기름 1큰술

약초물 약간

만드는 법

1. 통조림 고등어의 건더기만 걸러 으깬다.

2. 시래기는 물에 불린 후 껍질 벗겨 1cm 길이로 썬다.

3. 1과 2에 밥, 약초물을 넣고 밥알이 퍼질 때까지 푹 끓인 후 된장과 국간장으로 간을 맞추고 송송 썬 쪽파와 참기름을 넣고 완성한다.

무 수수 솥밥

재료

쌀 1컵

찰수수 1/2컵

무 100g

채 썬 소고기 100g

· 양념

  간장 1큰술, 설탕 1작은술

  다진 파(흰부분) 1/2큰술

  다진 마늘 1작은술

  참기름 1큰술, 후추 약간

밥물

약초물 1 1/4컵

청주 1작은술

들기름 1/2큰술

양념장

들깻가루 1큰술

들기름 1큰술

국간장 2큰술

송송 썬 부추 약간

만드는 법

1. 찰수수는 물에 불려 삶고 쌀은 물에 불린다.
2. 무는 굵게 채 썰어 소금을 뿌려 살짝 절인 후 체에 밭쳐 물기를 제거한다.
3. 소고기는 양념하여 팬에 볶는다.
4. 솥에 무를 깔고 쌀, 찰수수, 고기를 넣고 밥물을 부어 밥을 짓는다.
5. 양념장을 곁들여 낸다.

이상
지질
혈증

맞춤
음식

당귀 연어 포케

재료

현미밥 1컵
연어 100g
당귀잎 20g
아보카도 1/4개
양파 20g

소스

간장 1큰술
와사비 1작은술
매실청 1큰술
올리브오일 1/2큰술
소금 약간
후추 약간

만드는 법

1. 연어는 1cm 크기의 주사위 모양으로 썬다.
2. 당귀잎은 씻어서 어린잎 채소 크기로 썬다.
3. 아보카도는 얇게 편으로 썰고, 양파는 곱게 채 썬다
4. 그릇에 현미밥을 담고 연어, 당귀잎, 아보카도, 양파를 얹은 후 소스를 곁들여 낸다.

* 하와이 음식인 포케(poke)는 날 생선으로 만든 샐러드로 불 포화지방산이 풍부한 연어와 피를 맑게 해 주는 효능을 가진 은은한 향의 당귀잎이 어우러져 맛과 영양이 뛰어나다.

콩콩 파프리카 샐러드

재료

강낭콩 70g

병아리콩 50g

여러 색 파프리카

(빨강, 주황, 노랑, 초록)

각 1/4개씩

소스

매실청 2큰술

식초 1큰술

다진 마늘 1/2큰술

참깨 1큰술

참기름 1/2큰술

소금 1/2작은술

만드는 법

1. 강낭콩과 병아리콩은 충분히 무를 때까지 삶은 후 체에 밭쳐 물기를 제거한다.
2. 파프리카는 세로로 길게 채 썬다.
3. 1과 2를 잘 섞어주고 먹기 직전에 소스를 뿌린다.

돼지감자 샐러드

재료

돼지감자 200g
메추리알 60g

소스

홀그레인 머스터드 2큰술
간장 1큰술
식초 1큰술
꿀 1/2큰술
올리브유 1큰술

만드는 법

1. 돼지감자를 한입 크기로 썰어 소금을 넣은 끓는 물에 데쳐낸다.
2. 메추리알은 삶아서 준비한다.
3. 1과 2에 소스를 넣어 골고루 버무려 완성한다.

TIP

· 탄수화물이 많은 돼지감자와 단백질이 풍부한 메추리알이 주재료인 샐러드로 한 끼 식사로 섭취해도 좋다.

실곤약 차전자소스 샐러드

 재료

생미역 100g

실곤약 100g

오이 1/2개

방울토마토 5개

양파 1/4개

모둠 해산물(손질된 굴, 새우,
오징어 등) 50g씩

차전자소스

차전자 달인 물 1/4컵

간장 2큰술

설탕 1/2큰술

식초 4큰술

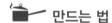 **만드는 법**

1. 생미역은 살짝 데쳐 먹기 좋은 크기로 썰어 놓는다.
2. 실곤약은 물에 담가 두었다가 체에 밭쳐 물기를 제거
   한다.
3. 오이는 반달썰기하고, 양파는 채 썬다.
4. 모둠 해산물은 끓는 물에 데친다.
5. 모든 재료에 소스를 넣어 골고루 버무려준다.

▽차전자

 TIP

· 실곤약이 들어 있어서 국수
느낌이 나므로 한 끼 식사
대용으로 활용할 수 있다.

* 차전자는 질경이과 식물의 씨를 말린 것으로 혈중 콜레스
테롤 강하하며 눈을 밝게 하고 기침을 멎게 해주며 소염작
용을 한다.

더덕 오리고기볶음

🥄 재료

더덕 3뿌리

오리고기 300g

양파 1/2개

대파 1뿌리

콩나물 100g

부추 20g

식용유 2큰술

양념

약초물 3큰술

간장 3큰술

설탕 3큰술

고추장 2큰술

고춧가루(굵은 것) 2큰술

다진 마늘 1큰술

🍲 만드는 법

1. 슬라이스 된 오리고기는 살짝 데쳐서 기름기를 제거한다.

2. 더덕은 껍질을 벗겨 어슷썰기하고 양파는 굵게 채 썰고 대파는 어슷하게 썬다.

3. 1과 2에 양념장을 버무려 식용유를 두른 팬에서 볶은 후 참기름과 깨소금을 넣고 마무리한다.

4. 데친 콩나물과 4cm 길이로 썬 부추를 접시에 깔고 그 위에 3을 완성한다.

• 오리볶음의 양념이 다소 강한 편이어서 콩나물과 부추는 양념하지 않아도 괜찮다.

파프리카 닭가슴살 롤찜

재료

닭가슴살 300g(약 3조각)
· **양념** : 소금, 후춧가루 약간

건표고버섯 3개
· **양념** : 간장 1/2큰술
　설탕 1/2작은술
　생강술 1큰술
　다진 마늘 1/2작은술
　참기름 1작은술

청파프리카 1/2개
홍파프리카 1/2개
식용유 2큰술
백복령 가루 3큰술
약초물 1/2C(농도 조절)
간장 3큰술
토마토케첩 1큰술
매실청 2큰술

만드는 법

1. 닭가슴살은 포를 뜨듯이 나누어 나비 모양을 만들고 칼등으로 두드려 넓고 얇게 편 후 소금, 후추로 밑간을 한다.
2. 건표고는 불려서 가늘게 채 썰고 양념하여 볶는다.
3. 청피망과 홍피망은 5cm 길이로 채 썰어 살짝 볶는다.
4. 1의 닭가슴살에 백봉령 가루를 뿌린 후 표고와 피망을 얹고 김밥 싸듯이 돌돌 말아 양 끝을 이쑤시개로 고정한다.
5. 4에 약초물, 간장, 토마토케첩, 매실청을 모두 넣고 뚜껑을 덮어 약한 불에서 찌듯이 익힌다.
6. 이쑤시개를 제거하고 먹기 좋게 단면으로 썬다.

* 백봉령은 소나무의 뿌리에서 자라나는 버섯으로 이뇨, 혈당 강하, 부종, 담음병, 설사, 건망증, 수면장애, 위장과 간 및 신장 질환을 개선하는 효과가 있다.
* 하엽은 연꽃잎을 말린 것으로 설사병 및 어혈을 없애는 데 좋다.

한방 고구마조림

 재료

고구마 200g
곤약 100g

조림장

쌍화탕 1/4컵
간장 2큰술
꿀 2큰술
참깨 약간
참기름 1작은술
물 1/2컵

만드는 법

1. 고구마는 씻어서 껍질째 한입 크기로 썰어 찬물에 담갔다가 체에 밭쳐 놓는다.
2. 곤약은 고구마 크기로 썬다.
3. 냄비에 쌍화탕과 양념을 넣고 끓으면 고구마와 곤약을 넣어 조린다.
4. 통깨와 참기름을 넣어 완성한다.

TIP

· 간편 조리를 위하여 시판용 쌍화탕을 사용해도 좋다.

* 쌍화탕은 숙지황, 당귀 등의 9가지 한약재를 달여 자양강장용으로 쓰는 탕약이나 꿀을 첨가하여 단맛이 나도록 조림장에 추가하여 졸이면 입맛 회복에 도움이 된다.

아로니아 찹쌀 전병 월과채

재료

애호박 1/2개

양송이버섯 40g

다진 소고기 40g

· 양념 : 간장 1/2큰술

  설탕 1/4큰술

  다진 파 약간

  다진 마늘 약간

  깨소금 약간

  참기름 약간

  후추 약간

잣 1/2큰술

소금 약간

아로니아 찹쌀전병

마른 찹쌀가루 1/4컵

아로니아 가루 약간

소금 약간

뜨거운 물 5~6큰술

만드는 법

1. 애호박은 반달 모양으로 썰어 소금을 뿌려 절인 후 물기를 제거하고 볶는다.
2. 양송이버섯은 편으로 썰어 소금으로 간하면서 살짝 볶는다.
3. 다진 소고기는 양념하여 볶는다.
4. 찹쌀가루, 아로니아 가루에 분량의 물과 소금을 넣어 되직하게 반죽하여 3~4cm 크기의 동전 모양으로 빚은 후 팬에 식용유를 두르고 양면을 지진다.
5. 잣을 포함한 모든 재료를 섞어 완성한다.

* 궁중 음식인 월과채는 애호박을 주재료로 소고기, 표고버섯 등을 각각 채 썰어 갖은양념을 한 뒤 볶은 잡채의 일종이다.

배추 만두찜

🧺 재료

배춧잎 10장

닭가슴살 50g(약 1/2조각)

다진 소고기 50g

두부 50g

숙주 50g

무 50g

연근 가루

만두소 양념

다진 파 1작은술

다진 마늘 1작은술

깨소금 1작은술

참기름 1작은술

생강즙 1작은술

소금 1작은술

후춧가루 약간

초간장

간장 1큰술

식초 1큰술

물 1큰술

🍲 만드는 법

1. 배춧잎은 소금물에 데친 후 물기를 제거한다.
2. 닭가슴살과 소고기는 다져 놓는다.
3. 두부는 으깨고 숙주는 다듬어 데친 후 송송 썰어 물기를 꼭 짠다.
4. 무는 채 썰어 데친 후 물기를 짠다.
5. 2, 3, 4의 재료에 양념을 버무려 간하고 손가락 두 개 굵기와 길이로 빚어 놓는다.
6. 1의 배춧잎을 잘 펴서 연근 가루를 뿌린 후 5를 넣어 돌돌 말아 싼다.
7. 찜기에 올려서 쪄낸 후 초간장을 곁들인다.

* 연근은 성질이 따뜻하고 달며 독성이 없고 혈관 건강에 좋은 식재료이다.

뿌리채소 오미자소스 탕수

🥛 재료

단호박 50g

마 50g

연근 50g

브로콜리 50g

홍피망 20g

전분

식용유

오미자소스

오미자 우려낸 물 1컵

설탕 4큰술

식초 2큰술

토마토케첩 2큰술

소금 1작은술

전분물

– 물 2큰술 : 전분 1큰술

🍲 만드는 법

1. 단호박, 마, 연근은 2cm 정도의 주사위 모양으로 썰고, 브로콜리도 비슷한 크기로 썰어 모두 데친 후 물기를 제거한다.
2. 홍피망은 2cm 크기의 네모 모양으로 썬다.
3. 모든 재료에 전분을 묻힌 후 180℃의 식용유에 튀겨낸다.
4. 오미자 우린 물에 전분물을 제외한 모든 소스 재료를 넣고 끓인 후 전분물로 농도를 맞추어 소스를 만든다.
5. 3에 오미자소스를 부어낸다.

TIP

• 오미자는 물 1컵 : 오미자 10g 비율로 10시간 정도 우려내 사용하면 좋다.

토란 소고기조림

재료

토란 200g
소고기 100g
대파 1/2뿌리
청경채 4장

양념

약초물 3큰술
간장 2큰술
설탕 2작은술
청주 2큰술
고추기름 2작은술
후추 1/4작은술

만드는 법

1. 토란은 껍질을 벗기고 먹기 좋은 크기로 썰어 살짝 데친다.
2. 소고기는 푹 삶은 후 먹기 좋은 크기로 썬다.
3. 대파는 굵게 어슷하게게 썰고, 청경채는 먹기 좋은 크기로 썬다.
4. 토란과 소고기에 양념장을 넣고 조리다가 대파와 청경채를 넣어 완성한다.

오곡 약식
조 · 기장 · 수수 · 아마란스 · 찹쌀

🥛 재료

찹쌀 2컵
조+기장+수수+아마란스 1컵
(기호에 따라 비율은 정할 것)
밤+대추+잣+건포도 1컵
(기호에 따라 비율은 정할 것)
물 2컵

양념
간장 6큰술
황설탕 4큰술
꿀 2큰술
참기름 2큰술
계핏가루 1작은술

🍳 만드는 법

1. 찹쌀과 네 가지 곡식은 씻어서 물에 불려 놓는다.
2. 밤, 대추, 잣, 건포도 등의 부재료는 기호에 따라 비율을 정하여 1컵 정도 준비한다(마른 대추는 돌려 깎기 한 후 씨를 제거하여 3~4등분 하여 준비).
3. 1과 2에 분량의 물과 양념을 넣어 전기밥솥을 이용하여 '잡곡' 코스로 약식을 만든다.
4. 그릇에 담아 썰거나 원하는 모양으로 빚는다.

고구마 잠두 찹쌀 오븐 떡

🥛 재료

마른 찹쌀가루 1컵

고구마 1개

잠두콩 30g

우유 1/2컵

달걀 1개

황설탕 4큰술

올리브유 1큰술

베이킹파우더 1/4작은술

🍲 만드는 법

1. 고구마는 껍질을 벗겨 1cm 크기의 주사위 모양으로 썰고 잠두콩은 무르도록 푹 삶는다.
2. 달걀을 잘 풀어준 후 우유에 섞어 놓는다.
3. 찹쌀가루에 2를 넣고 가볍게 섞은 후 고구마와 잠두콩을 넣어 다시 섞어준다.
4. 16×16cm 크기의 오븐 팬에 식용유를 바르고 반죽을 부은 후 180℃로 예열된 오븐에서 30분 정도 굽는다.

* 잠두콩은 누에콩이라고도 하며 단백질과 식이섬유가 풍부하게 함유되어 있고 비타민, 무기질도 다양하게 들어 있어 염증 완화에 도움을 주고 혈중 콜레스테롤을 감소시키는 효능이 있다.

모둠 견과류바

재료

호두 50g

해바라기씨 50g

호박씨 50g

아몬드 50g

검정깨 1/2큰술

시럽

설탕 30g

조청 70g

유자청 1/2큰술

포도씨유 1큰술

만드는 법

1. 팬에 시럽 재료를 모두 넣고 설탕이 녹을 때까지 젓지 않고 끓인다.
2. 시럽이 끓으면 견과류와 깨를 넣고 고루 섞는다.
3. 넓적한 용기에 비닐을 깔고 2를 잘 채워서 눌러준다.
4. 완전히 식은 후 꺼내어 적당한 크기로 썰어 완성한다.

▽ 5가지 견과류

아마란스 퀴노아 전병

![재료] 재료

아마란스 10g

퀴노아 20g

달걀흰자 2개

슈거파우더 60g

박력분 30g

포도씨유 2큰술

![만드는 법] 만드는 법

1. 아마란스와 퀴노아는 삶은 후 체에 밭쳐 물기를 제거한다.
2. 달걀흰자, 슈거파우더, 박력분, 포도씨유를 섞고 1을 넣어 반죽한 후 30분 정도 휴지시킨다.
3. 오븐용 실리콘 팬에 반죽을 스푼으로 떠놓고 눌러 얇게 편 후 190℃ 오븐에서 8~10분 정도 굽는다.
4. 오븐에서 꺼내자마자 뜨거울 때 밀대에 얹어 동그랗게 말아 식힌다.

▽ 아마란스, 퀴노아

* 아마란스는 슈퍼 곡물 중 하나로 단백질 함량이 높고, 필수 아미노산을 함유하고 있으며, 특히 당뇨와 고혈압에 좋다고 알려져 있다.
* 퀴노아는 고대 잉카문명 시절부터 재배된 식품으로, 필수 아미노산과 무기질, 미네랄이 풍부하고 불포화지방산이 함유되어 있다.

매생이 감자버무리 떡

🥛 재료

매생이 50g

감자 1개

습식 멥쌀가루 2컵

설탕 2큰술

소금 1/2작은술

🍲 만드는 법

1. 매생이는 물에 씻어서 물기를 짠 후 송송 썬다.

2. 감자는 껍질을 벗겨 가늘게 채 썬다.

3. 1과 2에 쌀가루와 설탕, 소금을 넣어 고루 섞는다.

4. 찜기에 올려 20분 정도 쪄서 완성한다.

▽ 완성된 반죽

TIP 🍴

• 쌀가루를 버무릴 때 산약 가루(마 가루)를 1~2큰술 섞어 넣어도 좋다.

• 건식 멥쌀가루인 경우 쌀가루 1컵당 물 1큰술을 첨가하여 체에 내린 후 사용한다.

만성질환, 음식으로 치유한다

식품영양학교수 · 약학박사가 알려주는 질환별 맞춤요리 100가지

초판 1쇄 인쇄	2021년 4월 13일
초판 1쇄 발행	2021년 4월 20일

지은이	주나미 · 주경미
발행인	정동명
디자인	(주)비즈엠디 김현주
인쇄소	재능인쇄

펴낸곳	도서출판 정다와
주소	서울시 서초구 동광로 10길 2 덕원빌딩 3층 (주)동명북미디어
전화	02) 3481-6801
팩스	02) 6499-2082
출판신고번호	2008-000161

ISBN	978-89-6991-033-2 13590